婴幼儿行为观察与记录

主　编　朱梦忍　吴裕美

副主编　储　姝　尹　伊　陆家燕　周媛媛

U0823589

苏州大学出版社
Soochow University Press

图书在版编目（CIP）数据

婴幼儿行为观察与记录 / 朱梦忍，吴裕美主编.
苏州 ：苏州大学出版社，2025. 5（2025. 8 重印）. -- ISBN 978-7-5672-5188-5

Ⅰ. B844. 11

中国国家版本馆 CIP 数据核字第 20258LT205 号

YING-YOU'ER XINGWEI GUANCHA YU JILU

书　　名：婴幼儿行为观察与记录

主　　编：朱梦忍　吴裕美
责任编辑：刘一霖
装帧设计：刘　俊

出版发行：苏州大学出版社（Soochow University Press）
社　　址：苏州市十梓街 1 号　**邮编**：215006
印　　刷：苏州市越洋印刷有限公司
邮购热线：0512-67480030
销售热线：0512-67481020

开　　本：889 mm×1 194 mm　1/16　**印张**：11. 25　**字数**：317 千
版　　次：2025 年 5 月第 1 版
印　　次：2025 年 8 月第 2 次印刷
书　　号：ISBN 978-7-5672-5188-5
定　　价：43. 00 元

图书若有印装错误，本社负责调换
苏州大学出版社营销部　电话：0512-67481020
苏州大学出版社网址　http://www. sudapress. com
苏州大学出版社邮箱　sdcbs@ suda. edu. cn

前言

FOREWORD

2019 年，国务院办公厅印发的《国务院办公厅关于促进 3 岁以下婴幼儿照护服务发展的指导意见》明确提出，职业院校（含技工院校）要根据需求开设婴幼儿照护相关专业，将婴幼儿照护服务人员作为急需紧缺人员培养。2021 年 3 月，教育部发布《职业教育专业目录（2021 年）》，其中增设了婴幼儿托育服务与管理专业。此举为托育事业的稳步发展奠定了基础，并进一步加速了托育专业人才队伍的培育与壮大。

“婴幼儿行为观察与记录”是婴幼儿托育服务与管理专业的专业核心课程。本教材以习近平新时代中国特色社会主义思想和党的二十大精神为指导，根据该专业的人才培养方案及托育岗位需求，立足实践，采用基于工作任务的项目式体例编写，强调理论和实践的结合。本教材共分为 7 个项目，分别为走近婴幼儿行为观察与记录、探索婴幼儿行为观察与记录的方法、记录与解释婴幼儿行为、观察与记录婴幼儿动作的发展、观察与记录婴幼儿认知的发展、观察与记录婴幼儿语言的发展、观察与记录婴幼儿情感与社会性的发展。为了帮助学生更好地理解和内化所学的理论和实践知识，本教材在每个项目中都设有学习目标、学习导图、项目练习等。此外，在具体的行为观察与记录项目中还设有实训操作，有助于增强学生的岗位胜任能力。本教材的案例与实训操作主要针对 0~3 岁婴幼儿。

本教材由朱梦忍、吴裕美担任主编，负责全书整体架构设计及组织协调编写工作，并完成全书的统稿。具体项目的编写分工为：项目一、项目四由朱梦忍负责编写，项目二由周媛媛、朱梦忍负责编写，项目三、项目六由储姝负责编写，项目五由陆家燕负责编写，项目七由尹伊负责编写。

编者在编写时借鉴了部分学者的观点，参阅了部分文献资料和网络资料，在此向相关专家、学者一并表示感谢。

由于时间仓促，加上编者水平有限，书中难免存在不足之处，恳请广大读者提出宝贵意见。

编者

目录 CONTENTS

项目一

走近婴幼儿行为观察与记录

学习目标

1. 理解行为、观察、婴幼儿行为观察与记录的内涵。
2. 理解婴幼儿行为观察与记录的价值。
3. 能够根据观察者应具备的基本素质有目的地做好观察准备。
4. 培养保教工作者的责任感和使命感。

学习导图

- 项目一　走近婴幼儿行为观察与记录
  - 任务一　理解婴幼儿行为观察与记录的概念
    - 一、行为的内涵
    - 二、观察的内涵
    - 三、婴幼儿行为观察与记录的内涵
  - 任务二　了解婴幼儿行为观察与记录的价值与准备
    - 一、婴幼儿行为观察与记录的价值
    - 二、婴幼儿行为观察与记录的准备

学习准备

1. 建立学习小组

4~6 人组成一个学习小组，并为学习小组起个有意义的组名。小组合作学习可以帮助成员在思维的碰撞中丰富知识、拓展能力，也有助于成员增强合作学习的能力，更好地完成学习任务。

2. 学习小组分工

在小组合作学习中，每个小组成员都应发挥自己的作用，并通过合作共同完成学习任务。请按照学习内容或在小组中承担的任务进行学习小组分工，并填写学习小组分工表（表 1-1）。

表 1-1　学习小组分工表

组名			
组员姓名	具体分工	组员姓名	具体分工

任务一　理解婴幼儿行为观察与记录的概念

任务描述

每一个婴幼儿都是独特的个体，是这个世界上独一无二的存在，其身心发展都具有特殊性。他们的语言和概念发展不成熟，对于周围世界正在发生的事情，通常不能表达自己的认识和理解。因此，观察与记录婴幼儿行为是揭秘婴幼儿内心世界、与婴幼儿形成良好互动关系的重要技能，也是托育机构更好地开展保教活动的重要途径之一。本任务需要小组合作学习，掌握婴幼儿行为观察与记录的内涵，并能在之后的实践中运用这些知识。

任务前导

乐乐指着窗外高兴地喊道："好漂亮的梅花呀！我想画下来。"他走到美工区，迅速抓起一件罩衣，随后溜到正在画画的美美旁边，小声地对她说："美美，你要紫色的蜡笔吗？我给你，你给我黄色的，好吗？我要画梅花，它是黄色的！"两个小朋友交换了蜡笔。乐乐心满意足地舒了一口气，然后干脆利落地在画纸上灵活地移动蜡笔。

分析：材料中的观察与记录是不是客观的观察与记录？为什么？

知识点拨

一、行为的内涵

一般认为，行为有广义和狭义之分。

广义的行为概念涵盖人的行为的多维层面。被观察者的外在行为可直接被观察到，但被观察者的外在行为中往往还存在一些无法直接由观察者收集到的要素，如个性、思维、情绪等。这些要素须通过反映行为事实的相关资料来进行假设、推测、评估。因此，广义的行为不仅指那些直接可见、可观察的外在行为，也包括以这些外在行为为参照，间接推断得出的内在心理活动和心理过程。这便是对广义的行为的完整诠释。对于托育工作者来说，更为有意义的是广义的行为。

狭义的行为是指个体在情境中所展现出的具体言行举动。这些活动具有外显性，能够被直接观察、精确描述、准确记录或量化测量。从这个角度去理解，幼儿日常生活中的各种行为活动都属于狭义的行为。这些行为都是直接的行为事实，观察者在观察过程中可以通过手写或者利用电子设备进行记录，为后续的分析研究提供翔实的数据支持，进而进行深入的处理与解读。

托育课堂

突然想吃“小猪包”的团团

一天，妈妈带团团去楼下早餐店吃早饭。出门之前，团团已经跟妈妈说好了，等会在早餐店要吃青菜包、拌面和咸鸭蛋。到了楼下早餐店之后，有个小男孩坐在门口的桌边吃小猪包。团团停下脚步，看了小男孩2秒，之后就跟着妈妈去点餐了。妈妈说道：“两碗拌面、一个咸鸭蛋和两个青菜包。”团团说：“不，不要，我要吃小猪包。”妈妈很疑惑，团团在家还在说要吃青菜包，怎么突然就改吃“小猪包”了。

分析：以上案例是对幼儿广义行为的记录还是狭义行为的记录？

二、观察的内涵

观察是人类认识周围世界的最基本的方法，也是从事科学研究的重要手段。观察不仅是人类通过感官，从周围环境中获得信息进行感知的过程，而且是需要通过大脑加工的过程。观察通常可以分为两大类型，即一般观察（日常生活中的观察）和专业观察（作为科学研究手段的观察）。

1. 一般观察

一般观察就是我们在日常生活中的观察，也可以称为日常观察，它是区别于作为科学研究手段的专业观察而言的。在日常生活中，我们时刻处于观察之中，通过视觉、听觉、嗅觉等进行感知与体验。

在日常生活中，人们的观察常常是由好奇心引起的，因此，大多数日常生活中的一般观察并没有预先设定的目的。由于日常观察是随意发生的，所以在这些观察发生时，我们可能只注意了事物、现象或人行为的某个方面，或者某些片段，而错过了另一些互有联系的现象、行为或片段。

案例1

红烧肉不好吃

今天悦悦家来了一个叔叔和一个阿姨。悦悦是第一次看见他们，对陌生人很好奇。

晚上，五个人一起在家吃饭，悦悦的眼睛时不时地就看向今天的客人。突然悦悦说：“爸爸，你今天烧的肉不好吃。”

所有人都看向悦悦。妈妈尝了一口：“蛮好吃的呀，为什么你觉得不好吃啊？”

悦悦说：“因为叔叔吃红烧肉的时候皱眉毛了。”

阿姨笑着说：“悦悦观察得很仔细，不过叔叔吃到烫的东西就喜欢皱眉毛，不是因为红烧肉不好吃。”

案例 2

弟弟怎么哭了

悦悦和爸爸在小区玩滑滑梯，她一遍又一遍地爬上楼梯，又滑下来。突然，右前方一个小男孩因为摔跤哭了起来。悦悦停下了爬楼梯的动作，看向小男孩，然后走到爸爸身边说："他肯定很疼，刚刚都哇哇哭了。"

在上述案例中，悦悦的观察显然是毫无目的、偶然发生的。不管是幼儿还是成人，我们随时随地都在对各种事件进行观察。这种观察是一种"事实获取—主观判断"的简单、单一的过程，并且因为观察的无目的性、随机性，所以与专业观察是有区别的。

2. 专业观察

专业观察作为一种满足职业需求或科学研究需求的行为，指的是观察者借助感官或专业工具，在明确的目标和计划指导下，对自然状态下发生的现象或行为实施系统、连贯的观察，以获取准确的事实材料的过程。一般认为，专业观察才是可信的。

专业观察具有目的性、计划性。专业观察通过专业的方法收集事实资料。为使获取的事实更具有客观性，专业观察人员在收集资料的过程中，可以使用仪器、工具等来记录和保存事实资料。在收集了多方面的资料以后，还要对客观的资料进行缜密的分析、归纳、推理、假设等。在观察过程中所做的判断可能只是暂时的假设，还需要收集客观事实来验证。

三、婴幼儿行为观察与记录的内涵

婴幼儿行为观察与记录是对婴幼儿进行的专业观察与记录，目的是在了解婴幼儿行为的基础上，了解他们的个性、兴趣、需要等不同方面，从而调整保教策略和保教行为。

为了了解婴幼儿行为所代表的真实意义，对婴幼儿行为的观察与记录一定要在自然状态下进行。而自然状态就是对所观察的现象或行为不加以任何人为的控制，使其以本来的面目客观地呈现出来。

尽管婴幼儿行为观察与记录是在自然状态下进行的，但这并不意味着观察过程可以无拘无束。作为科学研究的重要方法，观察活动需要一定程度的规范和控制。为了确保研究的准确性和结论的可靠性，减少误差，观察者必须对观察的步骤、方式等进行合理的规划和控制。因此，观察者应事先明确婴幼儿行为观察与记录的目标、所需收集的资料等信息，并据此制订详细的观察计划，包括时间、顺序、过程、对象、观察工具和记录方法等。同时，对于观察的具体问题和要求，观察者应给出明确的操作定义。这意味着观察者需要在一定程度上控制观察的步骤、方式等，如确定观察内容、选择观察方法、设定观察时间和地点及规范记录方式等。

婴幼儿行为观察记录表（参考）如表 1-2 所示。

表 1-2　婴幼儿行为观察记录表（参考）

婴幼儿姓名：　　　　　　年龄：　　　　　　性别：
观察时间：　　　　　　观察者：
观察目的：
观察目标：
观察记录：

时间	客观观察记录

任务二 了解婴幼儿行为观察与记录的价值与准备

任务描述

婴幼儿行为观察的本质其实是针对婴幼儿真实的行为表现进行探究。对托育工作者而言，对婴幼儿行为的观察与记录是在专业领域中了解并正确解读婴幼儿的行为表现，从而提升保教水平的保教工作策略。托育工作者进行婴幼儿行为观察与记录须遵循一定的规范，尽力追求行为诠释的正确性，尽可能避免主观偏见。本任务需要小组合作学习，掌握婴幼儿行为观察与记录的价值与准备，并能在之后的实践中运用这些知识。

任务前导

心心已经3岁了，平时和妈妈在一起的时候特别乖，能自己穿衣服，还能帮着妈妈晒衣服。但不知道为什么，她只要和爸爸在一起，这也要爸爸帮忙，那也要爸爸帮忙，一下子什么也不会做了。

根据以上案例分析：心心在爸爸和妈妈面前为什么会不一样呢？

知识点拨

一、婴幼儿行为观察与记录的价值

（一）观察是理解婴幼儿的坚实基石

婴幼儿有其独有的行为风格与处事逻辑，他们所表现出的行为常常让成人惊叹不已或是哭笑不得。也因年纪小，他们存在发展上的限制。因此，对婴幼儿行为的观察是探索婴幼儿内心丰富的世界的坚实基础。

1. 语言表达能力受限

婴幼儿的语言能力尚未发展完全。他们常受限于语言能力而无法清楚表达自己的想法，又因尚未学习写字，无法用文字书写自己的需求与看法，故其行为常被误解。这也导致只有照护者能与婴幼儿沟通，其他人则可能与婴幼儿有隔阂。

婴幼儿在语言表达上的局限性不仅体现在词汇量和语法结构的不完善上，还体现在他们对复杂情感和抽象概念的表达能力欠缺上。例如，当婴幼儿感到焦虑、困惑或兴奋时，他们可能只能用简单的词汇或哭闹来表达，而无法像成人那样用完整的句子描述自己的感受。这种表达能力的不足使得成人在理解婴幼儿需求时面临挑战。通过观察婴幼儿的行为，如肢体动作、面部表情和情绪反应，成人可以更准确地解读婴幼儿的真实意图。例如，当婴幼儿在陌生环境中表现出紧张和不安时，他们可能会紧紧抓住成人的手或躲在角落里，这些行为表明他们需要更多的安全感和安慰。这种基于观察的理解不仅有助于改善成人与婴幼儿之间的沟通，还能促进婴幼儿语言能力的发展，帮助他们在成长过程中逐渐学会更清晰地表达自己的想法。

托育课堂

婴儿哭声的奥秘①

对家长来说，宝宝出生后，哭声是最让他们抓狂的事，可这哭声恰恰是婴幼儿的语言表达方式。家长通过仔细分析就能破解其中的奥秘。澳大利亚音乐家邓斯坦在研究了大量的婴儿哭声后发现，3个月内的宝宝常常发出5种哭声，每一种都可能与某种生理需求密切相关。

Neh（nai，奶）：可能提示肚子饿。宝宝饿了，会开启吸吮反射，把舌头顶向上颚，发出"nai nai"的声音。靠近或碰碰宝宝，还会看到宝宝头左右摇摆，张大嘴，做出寻找乳汁的动作。这时，家长及时喂奶，宝宝可能就会停止哭泣。

Eh（ei，诶）：可能提示要拍嗝。由于胸腔中有空气，宝宝想打嗝，可因为他太小，什么也做不了，就只能哭，发出短促的"ei ei"声，常常伴有胸部紧绷、扭动身体等表现。这时候家长可以把宝宝竖着抱起来，做做萝卜蹲，用手轻轻地上下拍拍宝宝的后背。等嗝打出来，宝宝也就停止哭泣了。

Heh（hai，嗨）：可能提示不舒服。当宝宝便了，觉得衣服紧了、热了，或被蚊虫叮咬后感觉不适时，都会发出"hai hai"的哭声。这时他往往眉头紧皱，还可能伴随四肢扭动，很像在蹭痒痒。家长需要逐一排查导致宝宝不舒服的原因，做相应处理。

Owh（a ao，啊嗷）：可能提示想睡觉。宝宝发出"a ao"声，而且还有揉眼睛、抓耳朵、凝视、身体打挺、打哈欠等表现，可能说明他很困，想要睡觉了。这个时候，给宝宝创造一个安静舒适的睡眠环境，他可能很快就睡着了。

Eairh（yi ya，咿呀）：可能提示肠胀气或肠绞痛。当宝宝发出"yi ya"的哭声，同时小脸通红、嘴唇发白、小手紧握、双腿蜷缩，长时间无法停止哭泣，甚至呕吐时，家长要考虑肠胀气或肠绞痛的可能。家长可以通过按摩宝宝腹部、帮宝宝做蹬腿运动等方法尝试帮助宝宝排气。如果发现效果不好，则可以让宝宝像青蛙一样趴卧在床上或尝试飞机抱，耐心陪伴、安抚。如果还是无法缓解，应及时带宝宝就医。

2. 动作表达未完全分化

一方面，婴幼儿从出生开始，不管是饿了，觉得身体不舒服了，还是醒来后没有看到人，都会用哭声来表达他们的需求，以至于在整个学前期，依旧保持着用哭泣这一行为来表达诉求的习惯。另一方面，由于婴幼儿身体的发展，他们也开始使用肢体动作来表达他们内心的需求。吃饭的时候伸手，在大多数情况下都表示他们想要尝一尝。同样地，他们在游戏的时候想要某种玩具，也会使用伸手的动作。因此，观察者必须仔细观察其肢体动作的细节，才能更好地理解其需求，绝不能只看其表现的动作，就仓促判断其含义。

---

① 李烨文．破译宝宝的"哭语言"［EB/OL］.（2023-03-16）［2024-07-18］.https://www.lifetimes.cn/article/4C67DnRKyf2.（有改动）

3. 情绪、情感无法控制

从心理学角度来说，婴幼儿的情绪、情感具有外显性，但同时又受到年龄和社会经验等因素的影响。婴幼儿的情绪、情感表达体现出浅层性的特征，导致他们无法自如控制自己的喜怒哀乐，直接通过外部行为表达内心所想，并且经常通过大声哭喊的单一行为来表达。由皮亚杰的认知发展理论可知，婴幼儿大多处于以自我为中心阶段，往往只从自身需求出发进行各类活动，因此常常和同伴闹矛盾，但背后的理由可能都不一样。观察者应仔细观察，不能只以其情绪、情感表现来判断其行为。

4. 独特的行为模式

每个婴幼儿都受到遗传、环境和社会经验等多方面因素的影响，因此，他们的行为表现出一定的个体差异性。观察者要以客观的态度去观察每一个婴幼儿，把每一个婴幼儿当作独立的个体，切忌用同一标准衡量婴幼儿。

（二）观察是开展保教活动的科学依据

如何让活动满足婴幼儿的需要和兴趣？其中很重要的一点就是要观察、了解婴幼儿。托育工作者要在活动过程中有目的地观察婴幼儿，关注婴幼儿的表情、动作、语言等，了解他们的兴趣、需求。还可关注婴幼儿是如何游戏的、会不会游戏，每个婴幼儿的游戏需求和游戏方式是怎样的，从中发现有价值的活动线索，从而开展有价值的保教活动。

托育机构的任何活动都是有目的、有计划的。托育工作者在制订活动计划时应当把婴幼儿的需要和学科知识、社会需要结合起来。从实践层面来说，活动计划可以从婴幼儿和成人的生活中，特别是从婴幼儿自身的生活经验和兴趣中“生长”出来。

托育课堂

记录进餐行为

观察儿童的进餐情况时，我们需要观察的细节如下：

- 进餐环境如何？

在哪里提供食物——教室、自助餐厅，还是另一地点？

谁分发食物？

儿童对想要或不想要的食物有选择的权利吗？

环境是安静的/放松的/喧闹的/繁忙的/骚乱的吗？

有充足的食物吗？食物过多吗？儿童可以吃完再要吗？

- 儿童对进餐环境有怎样的反应？

儿童的反应是接受/焦虑/抵制/挑剔？

儿童进食时的认真或随意程度如何？

儿童靠近餐桌的方式是怎样的？（恐惧地/热情地/积极地/胆小地）

- 儿童能吃多少？（很少/两份/很多肉/不吃蔬菜/从来吃不饱/比其他儿童吃得多）
- 儿童与别人交流吗？交流程度如何？

（三）观察是优化家庭照护的必要前提

2019 年国务院办公厅印发的《国务院办公厅关于促进 3 岁以下婴幼儿照护服务发展的指导意见》中提到“家庭为主，托育补充”的原则，将“加强对家庭婴幼儿照护的支持和指导”作为婴幼儿照护工作的主要任务之一。

从美国心理学家布朗芬布伦纳的一系列嵌套环境结构模型看，家庭、幼儿园（托班）、社区等是与婴幼儿生存直接相关的微观系统，它们与婴幼儿行为形成的关系最密切。而在微观系统中，家庭的作用更为突出。

案例

洗手的西西

西西的妈妈在家园社论坛中发布了一则消息：

星期五的晚上，西西和爸爸、妈妈一起包水饺吃。西西用调羹认真地将馅拨在饺子皮当中，然后她放下调羹，用右手食指去沾碗里的水（此水起粘饺子皮的作用）。突然，西西将整只右手全部没入水中，5 根手指在水中相互搓洗着，说：“太脏了。”

面对西西的行为，西西的妈妈很苦恼，因此，她在论坛上请教应当如何应对这样的情况。

在上面的案例中，西西的妈妈在观察西西的行为时如果能理解西西行为背后的心理动机——西西对“干净”的认知和探索欲望，就能避免误解，以更科学、温和的方式照护和教养西西，营造更适宜的成长环境，促进西西的身心发展。由此可见，观察有助于优化家庭对婴幼儿的照护。

（四）观察是促进托育工作者专业发展的重要途径

观察婴幼儿是在建立深厚的儿童发展知识基础的前提下，把握不同年龄段婴幼儿发展规律和特点的知识累积和编码过程，是托育工作者不断建构婴幼儿“行为表现库”的过程，也是其丰富专业知识、提升专业素养的过程。观察是托育工作者对婴幼儿行为有意注意的开始。

1. 促进托育工作者树立以婴幼儿为本的理念

观察婴幼儿的行为是用最开放、最包容的姿态聚焦婴幼儿的生活。托育工作者应坚信每一个婴幼儿都是有能力的，关注婴幼儿作为一个有能力的主体能够做什么、会做什么，自己能够为他做什么。

积极的儿童观强调婴幼儿活动的自由是赋予婴幼儿权利的理据，是托育工作者亟待内化的尊重婴幼儿、关爱婴幼儿的专业理念——相信婴幼儿是有能力的、能动的个体。这一理性支点敦促着托育工作者树立以婴幼儿为本的理念，自觉加强专业认同感，并提高专业修养。

2. 促进托育工作者观察意识的觉醒和观察能力的增强

社会文化发展理论和生态系统理论强调婴幼儿的学习是在与周围的人、环境和事件互动的过程中进行的。托育工作者应以积极的眼光观察婴幼儿行为。观察意识的觉醒是理念转化后需迈出的关键一步，能促使托育工作者更加积极主动地发现和理解婴幼儿的行为，也是其增强观察能力的基础。观察能力是托育工作者专业素养的重要组成部分。随着观察频率的增加，托育工作者的观察能力得以增强，其观察也会更具目的性和针对性。随着观察的深入，托育工作者收集的信息越来越丰富，对婴幼儿行为的把握也越来越准确。通过进一步的探讨和分析，托育工作者的观察将更为准确和科学。

3. 增强托育工作者的沟通与合作能力

对婴幼儿行为的观察需要关注婴幼儿学习与发展的整体性、独特性与生成性。观察与记录的过程也是托育工作者协同合作的过程。与此同时，对婴幼儿行为的观察也是良好的师幼互动的基础。托育工作者通过观察能够学会更好地倾听和了解婴幼儿的想法和需求，与婴幼儿建立尊重和信任的关系，保证与婴幼儿沟通与互动的质量。而托育工作者之间通过线上或线下经常性的对婴幼儿行为观察与记录案例的共同探讨，了解婴幼儿完整、复杂、典型的行为表现及其相应的心理发生机制，突破了时空限制。托育工作者在更为灵活的商议和交流过程中针对问题分析和交流经验，可以不断提高自身的专业素养。

此外，对婴幼儿行为的观察还倡导调动家庭与社会力量，实现观察主体的多元化，进而推动托育工作者与家长主动建立有效的实时沟通和合作机制。

4. 增强托育工作者的反思能力

托育工作者在开展婴幼儿行为观察之前，需要回顾、翻阅或讨论已有的行为观察记录表，通过反思学习，明确本次观察任务应当如何开展。这种清晰简洁的活动方式本身就在不断强化托育工作者的反思意识。托育工作者通过对自己过去的观察、记录及指导行为的分析，可以实时调整自己的指导行为，使反思更具针对性。

另外，对婴幼儿行为的观察能增强托育工作者的组织活动能力。托育工作者要转换角色，逐渐以观察者的身份，基于婴幼儿的兴趣、困惑问题等组织适合婴幼儿的活动。

好的托育工作者也会经常观察同行的保教活动实践，并不断考量其实践成效。因此，托育工作者不仅是观察者，往往也可能是被观察者。无论是观察者还是被观察者，无论是处在哪个发展阶段的托育工作者，都可以根据自己的实际需要，有针对性地观察婴幼儿的行为，获得实践经验，同时吸取他人的经验，改进自己的保教技能，提升自己的专业素养。

（五）记录是托育工作者开展观察的重要辅助手段

首先，对婴幼儿行为的记录能够帮助托育工作者准确地掌握婴幼儿的个体差异，还有助于及时评估婴幼儿一日生活中的各类活动是否对他们的发展具有促进作用。例如托育工作者可通过记录内容，分析婴幼儿在游戏活动中的参与度、表现及发展变化，判断活动是否契合婴幼儿发展需求，并据此及时调整活动设计。

其次，对婴幼儿行为的记录能够促进托育工作者有的放矢地完善工作能力。观察并非简单的看，而是需要结合专业知识进行分析和判断，记录则是这一过程的具象化呈现。对婴幼儿行为的记录，一方面可以帮助托育工作者分析婴幼儿每阶段的身心发展水平，另一方面也有助于托育工作者全面剖析自身专业知识与能力存在的不足，继而主动地反思和改进，提升自身专业水平。

再次，对婴幼儿行为的记录能够促进托育机构和家庭的有效沟通与合作。这些记录就像是连接托育机构和家庭的纽带。客观、具体的记录能让家长了解孩子在托育机构的成长情况，增强家长对托育机构的信任感。同时托育工作者通过对记录内容的专业解读，也能够帮助家长学会科学的育儿知识和方法，促进婴幼儿更好的发展。

托育课堂

托育从业人员职业行为准则（试行）①

托育服务事关婴幼儿健康成长，事关千家万户。为进一步增强托育从业人员的责任感、使命感和荣誉感，规范职业行为，特制定本准则。

一、坚定政治方向。坚持以习近平新时代中国特色社会主义思想为指导，贯彻落实党中央关于托育工作的决策部署。不得有损害党中央权威和违背党的路线方针政策的言行。

二、自觉爱国守法。忠于祖国，忠于人民，恪守宪法原则，遵守法律法规，依法依规开展托育服务。不得损害国家利益、社会公共利益，违背社会公序良俗。

三、传播优秀文化。传承中华传统美德和优秀文化，践行社会主义核心价值观，培养婴幼儿良好品行和习惯。不得传播有损婴幼儿健康成长的不良文化。

四、注重情感呵护。敏感观察，积极回应，尊重个体差异，关心爱护每一位婴幼儿，形成温暖稳定的关系。不得忽视、歧视、侮辱、虐待婴幼儿。

五、提供科学照护。遵循婴幼儿成长规律，合理安排每日生活和游戏活动支持婴幼儿主动探索、操作体验、互动交流和表达表现。不得开展超出婴幼儿接受能力的活动。

六、保障安全健康。创设安全健康的环境，熟练掌握安全防范、膳食营养、疾病防控和应急处置等方面的知识和技能。不得在紧急情况下置婴幼儿安危于不顾，自行逃离。

七、践行家托共育。注重与婴幼儿家庭密切合作，保持经常性良好沟通，传播科学育儿理念，提供家庭照护指导服务。不得滥用生长发育测评等造成家长焦虑。

八、提升专业素养。热爱托育工作，增强职业荣誉感，加强业务学习，做好情绪管理，提高适应新时代托育服务发展要求的专业能力。不得有损害职业形象的行为。

九、加强团队协作。尊重同事，以诚相待，相互支持，充分沟通婴幼儿信息，协同开展照护活动，不断改进和提升服务质量。不得敷衍塞责、相互推诿、破坏团结。

十、坚守诚信自律。诚实守信，严于律己，尊重婴幼儿及其家庭的合法权益，自觉遵守托育服务标准和规范。不得收受婴幼儿家长礼品或利用家长资源谋取私利。

二、婴幼儿行为观察与记录的准备

（一）观察人员认知的准备

1. 对婴幼儿行为发展的认识

当托育工作者对婴幼儿发展的认识不足时，观察容易受主观意识的影响而变得无意义，难以为婴幼儿发展提供支持。婴幼儿的发展应该符合适度发展的原则。适度发展包含两个层面：一是年龄适宜，指同年龄的孩子在各方面的发展应有一个大致相同的模式；二是个体适宜，指同年龄的孩子仍有个体差异，其需求、能力与发展速度不完全一致。

托育工作者在进行观察之前，要先对婴幼儿行为发展规律有初步的了解。除了要理解婴幼儿行

① 国家卫生健康委办公厅关于印发托育从业人员职业行为准则（试行）的通知[EB/OL].(2022-11-23)[2024-07-23].https://www.gov.cn/zhengce/zhengceku/2022-12/03/content_5730066.htm.

为发展的过程，也要借对婴幼儿行为发展过程的了解，理解婴幼儿行为尚未受到太多社会化的影响。托育工作者只有了解了婴幼儿的发展规律，才能以正确的态度来观察与记录婴幼儿独特的表现，所做的观察与记录也才能客观、准确、有效。

2. 对婴幼儿文化背景的认识

文化背景，包括种族、语言、性别等。婴幼儿先天的条件与后天的成长环境皆是塑造其特质的重要因素。托育工作者必须对每个婴幼儿的文化背景有所认识，并且要对婴幼儿的各种文化背景持尊重与接纳的态度。

托育工作者的良性示范可以引导婴幼儿互相尊重彼此的差异。托育工作者也唯有在尊重、接纳每个婴幼儿的文化背景的前提下，在对婴幼儿进行观察时才不至于以“一元化”的标准来看待婴幼儿“多元化”的表现，才能从多个角度去考虑他们不同的需求。

3. 对观察与记录基本步骤的认识

观察与记录包括以下几个基本步骤。

（1）确定观察与记录的目标。

观察并非漫无目的地看。婴幼儿的很多行为值得托育工作者去观察。有目标的观察不仅可以帮助托育工作者了解婴幼儿的表现，也可帮助托育工作者通过观察获得经验。观察后所做的记录可以帮助托育工作者制订有效的规划或改进工作，也可供家长了解孩子的发展。

在进行观察前，托育工作者要先确定观察对象、观察行为、观察目标等；同时，应考虑拥有的资源、观察环境和记录方式等。

（2）确定观察与记录的地点。

锁定观察目标后，确定观察地点也是很重要的环节。婴幼儿在不同的环境之中会表现出不同的行为。在不同环境中观察婴幼儿，将有助于了解所选定观察行为的意义。大部分婴幼儿的生活重心不是在托育机构中，就是在家庭中。托育工作者不仅要在托育机构内进行观察，还可以深入家庭观察，入户协助家长做好育儿工作，更全面地了解婴幼儿。

（3）选择观察与记录的方法。

观察与记录的方法多种多样。托育工作者应当根据观察的目标，厘清观察与记录的用处，选择合适的观察与记录方法。同时由于观察与记录方法的多样性，托育工作者通常需要经过一段时间的实践练习，才能掌握观察与记录的要点（表 1-3）。托育工作者无论选择何种方法，均应恪守观察伦理，保护婴幼儿的个人隐私。

表 1-3　观察与记录的要点

观察与记录的要点	具体内容	举例说明
观察的目的	观察的目的即通过观察解决什么问题，如了解婴幼儿的发展状况、发现婴幼儿的潜力和特长、了解婴幼儿的需求和问题、反思和评价教育过程，以及为家长提供反馈信息等	观察者发现幼儿甜甜最近经常向老师告状，导致很多幼儿都不喜欢和她一起玩，于是观察者对甜甜进行观察。显然，观察幼儿甜甜的目的就是了解甜甜告状行为背后的原因
记录的方式	记录方式比较多元。观察者可依据自己的经验、时间、观察目的、对观察法的熟悉度等，选择适合的方式	若观察目的是了解孩子情绪的变化，则除了文字描述，记录资料可增加相片或影音资料

续表

观察与记录的要点	具体内容	举例说明
观察与记录的用途	观察与记录的可能用途包括学习记录、行动研究、教学理念及课程检讨、建立幼儿成长档案、教学模式转型、就孩子行为发展建立班级常模等。事前的考虑越完善，观察与记录就越充分，所完成的记录结果才能被有效地运用	如果观察与记录是为了更好地了解婴幼儿，以便开展之后的引导活动，那么观察者可以用一些符号快速记录，如“+”表示频率为 2 次及以上，“→”表示持续时间 1 分钟以上，等等

（4）选择观察时机。

婴幼儿行为随时都可能变化，任何时间都可以作为观察时机，但部分行为的出现是有时间性的，如对婴儿抬头动作发展情况的观察就必须在婴儿出生后的前几个月进行。选择观察时机最需要考虑的是与观察目标的契合度，这也体现了观察者的专业能力。

（5）观察并客观记录。

观察者应尽可能将观察到的事物切实完整地记录下来，不加入个人的成见、印象等，否则容易导致记录失真。

案例 1

① 主观观察描述：“青青不怀好意地将贝贝搭好的积木推倒了。他看到老师过来了，害怕被骂，就‘恶人先告状’，大声哭了起来。”

② 客观观察描述：“青青坐在积木区的桌子旁，独立拼搭积木。他抬头看到贝贝小朋友的积木已经搭建完成了。他伸手推倒了贝贝的积木。老师听到声音，走了过来。这时青青哭了起来。”

对婴幼儿行为进行观察与记录时，针对同一个孩子，不同观察者所采取的方法不一致，所得的观察结果与感受也将有所差异。但若将关注点放到不同的观察者身上，这些观察者可能会坚持各自观察结果的有效性，甚至都宣称自己看到的代表着婴幼儿行为表现的“真相”。若不同观察者使用相同的观察方法对相同的孩子得出不同的观察与记录结果，观察者必须对观察的技巧甚至自己进行观察时是否带着某种观点或假定等进行反思。

（二）观察与记录工具的准备

观察前做好工具准备可帮助观察者增强记录的翔实性，亦可帮助观察者顺利且较快速地完成记录。

1. 合适的观察记录表

观察前，观察者应根据采用的观察方式选择或者设计相应的观察记录表，以便有效率地记录。如某托育园计划使用行为检核法对 1 岁幼儿的动作发展进行观察，就先设计了幼儿动作技能检核表（表 1-4）并试用。

表 1-4　幼儿动作技能检核表

幼儿姓名：________　年龄：________　地点：________　日期：________　时间：________			
1	能够独站数秒以上	是	否
2	能扶着家具行走	是	否
3	能独立行走至少 4 步	是	否
4	能从坐姿过渡到站立	是	否
5	能在失去平衡时抓住物体	是	否
6	能扔小球	是	否
7	能扶着栏杆上下楼梯	是	否

2. 记录工具

在表格上记录通常需要使用笔，那么对笔的选用，首先要保证笔写出的字迹清晰。其次，可准备不同粗细或两三种颜色的笔交替使用。

另外，观察者也可以准备一些标签或便利贴，方便做记录时在需要特别注意的地方做记号或提醒。标签或便利贴也可以用于轶事记录。

3. 计时工具

时钟、手表或秒表等都是可用的计时工具。在有些观察法中，计时工具是必备工具。例如，采用时间取样法，必须在特定的时间内观察幼儿特定的行为表现。在做记录时，随时将记录的时间记下来也是必要的。

4. 影音记录工具

观察者使用纸和笔，运用个性化速记的方法尽可能地捕捉大量的细节，能记录得相对完整。但观察者不可能把看到的所有细节完整地以书面形式记录下来。

随着国家对教师数字化素养要求的提高，观察者的数字化素养也在不断提升。在做观察与记录时，观察者也可以利用手机、照相机等工具拍摄婴幼儿的行为，并且及时将拍摄内容转化为电子材料，为婴幼儿行为观察与记录提供佐证与补充材料，保证观察记录的完整性。

尽管用手机、照相机等工具拍摄对观察与记录大有裨益，但这一切都是基于托育工作者自身的观察，无法取代托育工作者娴熟的观察与记录技能。

实践任务——列出婴幼儿行为观察与记录提纲

李老师是某托育园的老师，她负责的班里有一名刚入园的大约3岁的孩子。这个孩子入园前可以自己在家里使用儿童马桶大小便，但入园后每天都会尿湿裤子好几次，甚至有一次还将大便拉在裤子里。李老师尝试与孩子沟通，可是孩子只是哭；家长也表示不理解，认为李老师没有尽心尽力照顾好孩子。李老师帮孩子清洁身体、换洗衣物、安抚情绪，工作量大大增加。这种情况让李老师感到身心疲惫，同时也产生了很强的挫败感。

李老师在园长的建议下，准备对这个孩子进行观察、记录以发现问题。

思考：

（1）在观察这个孩子前，李老师需要做哪些准备工作？

（2）尝试帮助李老师列出观察与记录提纲。

项目小结

通过本项目的学习，学生能掌握行为、观察的概念；能理解婴幼儿行为观察对婴幼儿、家庭、教师都具有重要的意义；能在个人认知、观察与记录工具、观察与记录步骤等方面做好准备；能具备客观观察婴幼儿的职业意识与素养。

小试牛刀

1. 知识实践运用：用文字客观记录幼儿行为。

要求：根据图片内容，客观记录幼儿的行为。

2. 托育园实践运用：婴幼儿行为观察准备。

要求：前往校企合作单位或实训基地，结合所学理论知识，针对某一婴幼儿、某一活动等，为托育园教师列好观察准备清单。

项目练习

一、填空题

1. 专业观察指的是观察者________________，在明确的目标和计划指导下，对自然状态下发生的现象或行为实施系统、连贯的观察，以获取准确的事实材料的过程。

2. 在记录婴幼儿行为的过程中，要把对行为的________________和________________严格地区分开来。

3. 观察婴幼儿行为时，需要结合幼儿的________________，以全面理解其行为表现。

二、选择题

1. 下列不属于婴幼儿行为观察与记录的意义的是（　　）。

A. 记录的资料是考察婴幼儿发展的第一手原始材料

B. 记录可以帮助观察者理解幼儿的行为，从而改进与婴幼儿的兴趣、发展水平相关的活动计划

C. 记录促进托育工作者观察意识的觉醒和观察能力的增强

D. 记录可以为婴幼儿教育发展评价提供较为主观的依据

2. 在进行婴幼儿行为观察时，以下工具不是必需的是（　　）。

A. 观察记录表格　　B. 笔和计时工具

C. 影音记录工具　　D. 幼儿的玩具

3. 观察与记录的客观性要求观察者在记录时（　　）。

A. 加入个人的主观判断　　B. 只记录行为的结果

C. 忽略细节　　D. 切实完整地记录观察到的事实

三、简答题

1. 简述婴幼儿行为观察的价值。

2. 开展婴幼儿行为观察与记录需要准备哪些工具？

项目二

探索婴幼儿行为观察与记录的方法

学习目标

1. 理解婴幼儿行为观察与记录方法的概念。
2. 掌握婴幼儿行为观察与记录方法的分类及其优缺点。
3. 能够明确目标，客观地观察与记录各年龄段婴幼儿行为。

学习导图

- 项目二　探索婴幼儿行为观察与记录的方法
  - 任务一　理解婴幼儿行为观察与记录方法的概念
    - 一、婴幼儿行为观察与记录方法的概念
    - 二、记录婴幼儿行为应避免的错误
  - 任务二　学习婴幼儿行为观察与记录的方法
    - 一、婴幼儿行为观察的方法
    - 二、婴幼儿行为记录的方法

学习准备

1. 建立学习小组

4~6 人组成一个学习小组，并为学习小组起个有意义的组名。小组合作学习可以帮助成员在思维的碰撞中丰富知识、拓展能力，也有助于成员增强合作学习的能力，更好地完成学习任务。

2. 学习小组分工

在小组合作学习中，每个小组成员都应发挥自己的作用，并通过合作共同完成学习任务。请按照学习内容或在小组中承担的任务进行学习小组分工，并填写学习小组分工表（表 2-1）。

表 2-1　学习小组分工表

组名			
组员姓名	具体分工	组员姓名	具体分工

任务一　理解婴幼儿行为观察与记录方法的概念

任务描述

婴幼儿行为观察与记录是托育工作中的关键环节。通过科学的观察与记录，托育工作者能够深入了解婴幼儿的内在需求和个体差异，从而调整教育环境，制定符合婴幼儿成长需求的保教策略。本任务需要小组合作学习，了解记录婴幼儿行为应避免的错误，提升专业素养，为客观、真实地观察和记录婴幼儿行为做好准备。

任务前导

上午10点，户外游戏区特别热闹，熊熊、小博、来来和果果四个男孩子都在里面玩游戏。正玩得起劲呢，熊熊恶狠狠地推了一下果果，并且对果果说："这个玩具是我先拿到的，要让我用。"果果被推倒在地，委屈地蹬腿哭了起来。其他两个小朋友都焦急地看着果果。

分析：以上观察记录内容是否准确？为什么？

知识点拨

一、婴幼儿行为观察与记录方法的概念

"方法"一词在我国古代被认为是度量方形之法。后来随着经济社会的发展，其含义拓展演化为解决理论问题和实践工作的手段。现代意义上的"方法"是指人们在认识和改造主观与客观世界的过程中，为达到一定目标采用的手段或方式的总称。因而，方法在本质上作为一种工具或手段，是主体与客体联系的桥梁或中介。我国自古以来就十分重视方法及其作用，如"工欲善其事，必先利其器"就指出了方法对有效完成任务的重要性。

同时，"方法论"一词也有助于理解方法的概念。方法论是基于一定的世界观生成的关于方法的理论，是"方法的理论""方法的指南"。这种"理论"和"指南"是对具体方法的抽象与深化，简单来说，就是方法的理论，即人们认识和改造主客观世界的具体方法的理论指导。

根据上述界定，对于婴幼儿行为观察与记录，方法论实际上是对观察和记录婴幼儿行为所采用的具体方法进行抽象与深化的理论和指南，方法则是指所运用的具体的技术。因此，婴幼儿行为观察与记录的方法既包括一种方法说明，又包括一种程序，即人们运用某一种程序实现某一目标。方法是具有两方面特征的一系列操作：① 它必须说明为实现某一目标必须做什么；② 它必须说明怎样去做这些必须做的事情。"做什么"提出了目标，"怎样做"则描述了实现目标所要采取的行动或步骤。

在婴幼儿行为观察与记录中，科学的方法至关重要。它确保观察结果的准确性和有效性，帮助托育工作者深入理解婴幼儿行为模式和内心世界，为保教工作提供科学依据。科学的方法强调观察的客观性和全面性，通过明确目标、合理规划和规范记录，避免主观偏见和随机性，使观察更系统。同时，科学的方法有助于托育工作者提升专业素养，更好地理解婴幼儿发展规律，优化保教策略。总之，科学的方法是观察与记录的核心，助力托育工作者提升专业水平，促进家庭与托育机构合作，共同支持婴幼儿健康成长。

二、记录婴幼儿行为应避免的错误

记录观察数据时可能犯三种错误：漏记、多记、变序。

（一）漏记

有一些信息有益于理解婴幼儿行为，或者对理解婴幼儿行为十分必要。如果观察者把这些信息省略了，那就犯了漏记的错误。为了实现观察目标，观察者应该尽量多地搜集信息，完整记录一个行为事件中都发生了什么。这样的记录往往更有助于对某个特定的婴幼儿形成更为全面的认识。

案例

上午10点，户外游戏区特别热闹，熊熊、小博、来来和果果四个男孩子都在里面玩游戏。正玩得起劲呢，熊熊推了一下果果，并且对果果说："这个玩具是我先拿到的，要让我玩。"果果被推倒在地，蹬腿哭了起来。

通过上述文字记录，我们可以看到孩子之间的交往过程。你会怎样记录这个情节呢？如果你的记录语言中只描述了两个幼儿的行为，而没有阐述为什么他们会出现这样的行为，并且你继续观察他们的行为的时候依旧只记录某些行为，不记录事情发生的原因，那么你就会遗漏一些重要信息。遗漏某一行为或交往中的某些部分，可能不会使你的客观描述无效，但你应记住一点，重要的不是记录，而是记录必须具有意义，能帮助你理解这个婴幼儿和他的行为。上面的例子并没有记录熊熊行为产生的原因，那么熊熊对果果做出的行为就会被曲解。所以，记录的内容不仅需要包括行为本身，还需要包括行为发生的前因后果。

漏记的原因有很多，如分心、漏掉先前发生的行为、抓不住重点及时间不够等。这些原因都会影响记录的完整性。观察时，你可能无法记很多笔记（或根本不能做笔记），因此，你不得不依靠记忆。你等待观察数据的时间越长，就越容易遗忘。自然地，这对你记笔记的速度提出了更高的要求。在这里，需要重点关注的是你如何看待你所观察的事物：你感知到了什么，感知到了多少；你记下的内容对你是否有意义，是否值得记录；你所看到的与你当时的观察目标之间的关系。

（二）多记

如果你记下的信息超出了实际范畴，你就犯了多记的错误。这包括记录一些实际上没有发生的行为、语言或互动，或者记录了当时不在场的某些人，等等。

案例

上午 10 点，户外游戏区特别热闹，熊熊、小博、来来和果果四个男孩子都在里面玩游戏。正玩得起劲呢，熊熊恶狠狠地推了一下果果，并且对果果说："这个玩具是我先拿到的，要让我玩。"果果被推倒在地，委屈地蹬腿哭了起来。其他两个小朋友都焦急地看着果果。

在上述案例中，首先，"熊熊恶狠狠地推了一下果果""这个玩具是我先拿到的，要让我玩"的语言表述可能存在对熊熊情绪和具体言语的过度推断。如果观察者并未确切地听到熊熊这样说，或者熊熊的情绪并非如此强烈，这样的描述就不切实际，犯了多记的错误。其次，如果观察者没有明确看到两个小朋友表现出焦急的情绪，那么"其他两个小朋友都焦急地看着果果"这一描述也犯了多记的错误。为了补充和纠正，观察者应仅记录实际观察到的行为，例如上述案例描述可以改为："上午 10 点，在户外游戏区，熊熊、小博、来来和果果在玩游戏。熊熊推了果果一下，并伸手去抢果果手中的玩具。果果摔倒并开始哭泣。小博和来来站在果果旁边。"这样的记录更客观、准确，避免了主观推断和多记的错误。

产生多记的错误的原因也是多方面的，包括注意力不集中、依靠错误的记忆，以及前面所说的可能导致漏记的因素。

（三）变序

第三类错误是变序。这种错误表现为，虽然记录了所观察的行为，但将行为发生的先后顺序弄错了。这可能是一种严重的错误，因为事件的先后顺序使事件具有某种意义，比如上午发生的事情会影响下午发生的事情。如果你在记录某个行为的时候写下该行为发生的时间，那就可以减少这种错误。

案例

户外游戏区特别热闹，熊熊、小博、来来和果果四个男孩子都在里面玩游戏。正玩得起劲呢，熊熊推了一下果果，并且对果果说："这个玩具是我先拿到的，要让我玩。"果果被推倒在地，蹬腿哭了起来。

太阳花班级里正在分发餐点。今天的餐点是熊熊最爱吃的小猪包。熊熊坐在位置上，咧着嘴巴等着保育员王老师将小猪包发给自己。熊熊拿着小猪包咬了一口。这时果果从他身边经过，撞了一下熊熊的肩膀，小猪包啪的一声掉在了地上。

在上述案例中，变序的错误体现在行为发生的先后顺序被颠倒。具体来说，第一个案例描述了熊熊推果果的行为，但没有明确指出这一行为是否与之前或之后发生的其他事件有关。第二个案例描述了果果撞熊熊导致小猪包掉落的事件，但没有明确指出这一事件是否与第一个案例中的事件有时间上的先后关系。为了纠正这种变序错误，记录者需要明确记录每个事件发生的具体时间和顺序。例如，上述案例描述可以改为："上午 9 点，太阳花班级里正在分发餐点。熊熊拿到小猪包并咬了一口。这时果果从他身边经过，不小心撞到了熊熊的肩膀，导致小猪包掉在地上。上午 10 点，在户外游戏区，熊熊、小博、来来和果果在玩游戏。在游戏过程中，熊熊推了果果一下，并且说：'这个玩具是我先拿到的，要让我玩。’果果被推倒在地，蹬腿哭了起来。”这样的记录能够更准确地反映事件的真实顺序，避免变序错误。

有时，你还可以分别记录某个行为发生和结束的时间，或者记录你开始观察记录，以及结束观察记录的时间。记录行为的起止时间不仅可以减少变序错误，而且有助于你了解婴幼儿行为发生的前因后果，以及行为保持时间和他们从事不同活动的时间比例等。

托育课堂

观察与记录的建议

1. 明确目标，客观记录

在开始观察之前，观察者要明确观察的目标，比如评估婴幼儿的社交能力、语言发展或者情绪调节能力。制定具体的目标有助于聚焦观察，避免无关信息的干扰。在记录过程中，观察者要力求客观，避免个人情感和偏见影响观察结果。只记录观察到的事实，而不对行为做出主观判断或评价。

2. 协调分工，厘清关联

在团体托育环境中，观察任务需要团队成员之间协调分工。每个人负责观察和记录特定的婴幼儿行为，以提高效率和准确性。在观察过程中，观察者要注意婴幼儿行为之间的关联性，理解单个行为的意义。这有助于揭示行为背后的原因和动机，为制订照护计划提供更准确的信息。

3. 强化实务，自查自促

观察者要将观察得到的知识应用于实际的托育工作中，通过实践活动来验证和修正观察得出的结论。观察者应定期自我反省，反思自己的观察技能和态度，不断提升个人的专业水平和服务质量。

4. 精研反思，确切诠释

观察者要对收集到的观察数据进行深入分析，运用相关理论和研究来支持对婴幼儿行为的解读。定期对已完成的观察活动进行反思和总结，查找观察过程中的不足，调整和改进观察策略和方法。

5. 精巧转换，有效表达

观察者要将观察所得的原始数据转化为易于理解和分析的形式，比如图表或行为描述记录。通过练习和学习，增强将观察结果以书面或口头形式清晰、准确地传达给他人的能力，包括撰写观察报告、制作演示文稿或与家长和团队成员沟通讨论的技能。

任务二　学习婴幼儿行为观察与记录的方法

任务描述

蒙台梭利说，唯有通过观察和分析，才能真正地了解幼儿内在的需要和个别差异，决定如何协调环境，并采取应有的态度来配合幼儿成长的需要。因此，观察者需要熟练掌握各种定量和定性的记录方法，如时间采样、事件采样和持续记录等，准确记录婴幼儿的行为表现。但必须强调的是，如果没有先前的认真准备，那么不管采用哪种方法，都很难达到预期的效果。本任务需要小组合作学习，掌握婴幼儿行为观察与记录的方法，并能在之后的实践中运用这些知识。

任务前导

观察对象：洋洋

对象年龄：2 岁

观察者：××老师

观察时间：20××年××月××日

观察地点：托班教室

观察目的：洋洋在美术活动中的注意力表现

行为记录：

在美术活动“小兔子和它的朋友”中，幼儿需要画小兔子和它的一个朋友一起玩，也可以画一些其他的东西。洋洋坐在桌旁，拿着画笔在纸上乱涂乱画，画了很多圆圈和线条，看起来像是很多个小球和小棒。老师走过去问洋洋：“洋洋，今天我们要画什么呀？”洋洋指着自己的画说：“这是球球，这是棒棒。”老师说：“嗯，真棒！那小兔子和它的朋友在哪里呢？”洋洋看着自己的画，想了想，说：“这是小兔子的朋友。”老师说：“哦，那小兔子呢？我们今天要画小兔子和它的朋友哦。”洋洋又拿起画笔，在纸上画了几条弯弯曲曲的线，说：“这是小兔子。”老师说：“好的，洋洋真厉害，又画出了小兔子。小兔子和它的朋友一定很开心呢。”

以上内容采用了哪种观察与记录方法？

知识点拨

一、婴幼儿行为观察的方法

观察者在进行婴幼儿行为观察前，需要厘清多角度下的观察分类方法及适用场景、注意事项。观察方法可分为参与性观察和非参与性观察，定期观察、短期观察和长期观察，开放式观察和封闭式观察，直接观察和间接观察等。

（一）参与性观察和非参与性观察

依据观察者在观察时是否介入婴幼儿的活动并与其产生联系、对其产生影响，观察可以分为参与性观察和非参与性观察两类。

1. 参与性观察

参与性观察是指观察者参与婴幼儿的活动并进行观察。在观察中，观察者与婴幼儿之间存在或多或少的互动。观察者此时具有双重身份：婴幼儿活动的指导者和婴幼儿活动的观察者。比如，观察者边指导婴幼儿进行猜火车的活动，边进行记录。在观察中，观察者不可避免地对婴幼儿说一些规则性、指令性语言，对他们产生一定的影响。

2. 非参与性观察

非参与性观察是指观察者以旁观者的身份进行观察，不参与婴幼儿的活动。为了确保非参与性观察顺利进行，观察者最好进行隐蔽观察。在条件允许的情况下，观察者可以使用摄像机对现场进行录像，也可以利用单向玻璃进行观察。目前一些托育机构在活动室或其他婴幼儿活动场所安装了摄像装置，这些装置也可以用来进行非参与性观察。

（二）定期观察、短期观察和长期观察

按照观察的时间维度，观察可以分为定期观察、短期观察和长期观察三类。

1. 定期观察

定期观察即定时观察，是指在某个固定的时间段对婴幼儿进行的观察。这种观察一般是针对同一种或几种观察行为而言的。定期观察通常不是一次性完成的，而是通过连续性的观察实现的，可信度更高。比如，在连续一周的时间内，观察婴幼儿对好朋友的亲近态度。

2. 短期观察

短期观察是指在比较短的时间内对婴幼儿行为进行的观察。这种观察省时、省力，方便观察者在较短时间内收集资料并进行分析。缺点是只能以短时间看到的行为为分析样本，分析结果可能会掩盖婴幼儿行为背后的真正原因。

3. 长期观察

长期观察是指在较长的连续时间内对婴幼儿行为进行的观察。比如，我国著名教育学家陈鹤琴先生曾对他的第一个孩子从出生之日起连续跟踪观察了 808 天，采用日记描述法详细记录下孩子身心发展变化及对各种刺激的反应情况，并且拍了几百张照片。这就是一个典型的长期观察案例。

（三）开放式观察和封闭式观察

根据观察过程的结构性质与控制程度，观察可以分为开放式观察和封闭式观察两种。

1. 开放式观察

开放式观察是一种没有固定模式的观察方法。一般在观察开始之前，观察者并没有制订详尽的观察计划，而是以自己的兴趣点作为观察的起点。这种观察方式在更大程度上取决于观察者自身的感性经验，观察过程较为简单。

2. 封闭式观察

封闭式观察是一种有控制、具有严密结构的观察方法。这种方法通常能够取得量化数据，有助于后续的科学分析。封闭式观察比较严谨。观察者在观察前需要计划好观察的过程，明确观察行为，并且对观察行为进行逻辑思考。除此以外，开展封闭式观察的观察者还要事先确定好观察场景、观

察内容、记录方法，以及是否使用观察表格。

（四）直接观察和间接观察

根据观察时观察者是否直接面对婴幼儿，观察可以分为直接观察和间接观察。

1. 直接观察

直接观察是一种观察者在现场，直接获取婴幼儿行为参数的方法。观察者亲临现场，用亲眼看到的、亲耳听到的信息形成行为记录。直接观察要求观察者亲力亲为，不可以用摄像机等设备替代自己的眼睛。

2. 间接观察

间接观察是指观察者不亲临观察现场，而是通过观看录像、照片等原始资料，完成对婴幼儿行为的观察。如观察者不在现场，通过观察照片及录像等，对托班小朋友的喝水情况进行记录。

二、婴幼儿行为记录的方法

常用的婴幼儿行为记录的方法有日记描述法、轶事记录法、事件取样法、时间取样法、行为检核法等。

1. 日记描述法

父母观察子女所做的日记记录被认为是研究儿童发展的一种最古老的方法，是一种非正式的记录方法。观察者要在几周、几个月或几年的时间里始终保持与同一个婴幼儿接触。经过一段发展历程，这种记录方式也朝科学化的记录形式发展，在记录时间与观察行为等方面都有预先的规划。

日记描述法也被认为是一种开放性的方法，因为它要捕捉婴幼儿的行为、行为的变化，以及行为所处情境的细节。日记描述法将这些内容作为原始数据保留，便于日后与其他的记录进行比较研究。

日记描述法有助于了解婴幼儿行为随着时间变化的发展情形，甚至可以提供婴幼儿行为在发展过程中的任何变量细节，有助于了解婴幼儿行为发展的复杂程度。日记描述法一般用于对某个婴幼儿长期的跟踪观察记录。比如陈鹤琴就是采用日记描述法记录下孩子出生后 808 天内的变化（图 2-1），因此，孩子的行为不再是一个个孤立的事件，而是在一个不断发展演变的框架内彼此关联。相较于短时间内的记录，日记描述法往往更有完整性，更能提供可靠的数据，也更能反映个体的真实行为。

第二百五十九天 (85) 今天捉了四個初生的小鼠，長約吋許，遍身紅色無毛，但能稍動，將小鼠放在紙盒內提與他看，起初他看得很注意的，後來將小鼠移近他前，他就縮手。

第二百六十天 (86) 今天拿一個小龜養在面盆裏，讓他看看，他一看見水中能動的小龜，立刻伸右手來捉。

(87) 近來他很喜歡撕紙，這恐怕是因爲喜歡經驗撕紙動作的感覺，和聽撕破的聲音。

(88) 近來他喜歡上下跳躍：　你抱他立在膝上，兩手扶着他的兩脅，并提他一提，他

图 2-1　陈鹤琴《儿童心理之研究》内容片段

但日记描述法也有缺点。首先，由于是对个别发展情形的记录，观察结果的普遍性将受到一定程度的限制；其次，这种方法耗时并需要持续的耐力；再次，观察者和被观察者需要保持长期的亲密接触，因此，除了父母或其他同住的家庭成员，其他人很难采用这种记录方法。除此之外，观察者与被观察者之间存在亲密关系时，观察与记录很难做到绝对的客观。所以这种方法并不适用于托育工作者，不过可以作为家庭助养的方法之一。托育工作者可将这种方法教给家长，请家长观察并记录，再根据家长的记录内容开展家庭助养工作。

托育课堂

目前婴幼儿家庭存在较强的成长记录意识，记录孩子成长已成为一种普遍现象。家长有记录意识，但无建立成长档案意识，做了记录但未利用好记录。因此，托育工作者可引导婴幼儿家长带着建立成长档案的意识进行观察和记录、选择和整理。通过这样一个过程，他们能够逐渐意识到，孩子的发展和变化是日新月异的。这些日新月异的变化能激发家长对孩子全方位的关注，从而开始有意识地捕捉生活中的随机教育契机。

另外，对家庭婴幼儿成长记录的指导也在早教指导的内容之中。早教指导机构可开展利用成长记录促进孩子发展的指导活动，增强家长对于成长记录的认识，如开展照片故事分享交流活动，让家长认识到照片作为教育资源的作用。同时应关注祖辈带养人和保姆在婴幼儿成长记录中的重要性。他们也参与记录孩子的成长，既是记录者，也是被记录者，是孩子成长记录内容中的重要角色。

2. 轶事记录法

轶事记录法也是一种非正式的记录方法，偏向于叙述性方式。它也是一种开放的记录方法。对事件的选择在某种程度上取决于观察者是想记录所有其所感兴趣的事情，还是想记录婴幼儿不常出现的行为，因此，轶事记录法更适合记录非典型行为。一般我们认为记录的焦点是情境出现时婴幼儿重要或突发的行为表现。这些行为表现可能与后续某些重要结果有所关联，要求观察者及时辨别并记录。

总体来说，轶事记录法具有以下五个方面的特征。

第一，记录是直接观察的结果。这一点很重要，因为它排除了道听途说的记录。

第二，记录是对特定事件的及时、准确和具体的描述。这强调了直接观察的必要性。

第三，记录描述婴幼儿行为发生的情境，不会将行为与影响行为或导致行为发生的事件割裂开。情境的具体内容包括准确描述婴幼儿或其他参与者说过什么。

第四，观察者无论要做怎样的推论或解释，都要把这种推论或解释与客观描述区分开，明确标明这是推论或解释。

第五，轶事记录既可以记录婴幼儿的典型行为，又可以记录婴幼儿不常出现的行为。

案例

幼儿图画书阅读情况记录——基于轶事记录法

观察地点：图书区　　观察者：王老师

观察对象：隆隆　　性别：女　　年龄：1 岁半

观察目标：隆隆的图画书阅读情况

观察目的：了解隆隆的语言发展现状

观察记录：

隆隆来到图书区，随手拿了一本《小兔子乖乖》。她拿着书跑到老师身边，兴奋地说：“老师，看我的书！”然后把书放在自己的膝盖上，将封面朝上，用手指着封面说：“兔子。”隆隆用双手捧着书，一页一页地翻，但翻得比较快，有时还会不小心翻过好几页。她看着画面，指着书里的小兔子说：“兔子，兔子。”然后又指着大兔子说：“妈妈。”老师问隆隆：“小兔子在做什么呀？”隆隆指着画面说：“睡觉。”老师又问：“小兔子的妈妈呢？”隆隆指着大兔子说：“旁边。”老师问：“小兔子为什么睡觉呀？”隆隆想了想，说：“困了。”老师接着问：“你困了会怎么样？”隆隆说：“睡觉。”老师说：“那我们来玩个游戏，你做小兔子，我做兔妈妈。小兔子困了，妈妈会怎么做呢？”隆隆想了想，说：“抱抱。”老师抱起隆隆，说：“妈妈抱抱小兔子，小兔子睡觉啦。”

轶事记录法具有高度的灵活性和及时性，适用于各种观察情境，无须事先严格分类或做详细计划。它强调对特定事件进行及时、准确和具体的描述，以确保记录的客观性和真实性。这种记录方法不仅记录行为本身，还详细描述行为发生的情境，有助于分析者全面理解行为发生的前因后果。它既适用于典型行为记录，也能用于记录不常出现的行为，适应性强，能为后续分析和决策提供丰富信息。

轶事记录法较耗时并需要持续的耐力，对观察者敏锐度要求较高。观察者需要付出更多的心力去维持观察的信度与效度。轶事记录法容易掺杂个人偏见，偏见可能源于观察者喜欢或不喜欢某些行为。

3. 事件取样法

事件抽样法指从婴幼儿的行为流中抽取一种样本（即特定的行为或事件）进行记录，是一种正式的记录方法。生活就是一个连续的事件流，每一天都会发生这样或那样的事件。进行事件抽样前，观察者需要在特定时间内将焦点置于特定的观察行为上，就行为进行完整的描述，包括次数、时间、因果、严重程度等。观察行为必须事先界定清楚，甚至观察与记录的实施步骤也可以事先系统规划，以便顺利实施。常见的事件取样可以针对个别幼儿，也可以针对数名幼儿。

事件就是指一系列行为。这些行为分属各个特定的类别。例如，孩子之间的争吵就可以看作一个事件。两名幼儿表现出某些行为，观察者必须确定这些行为是不是属于自己所界定的争吵。如果这个事件可以被称为争吵，那么它就必须具备争吵的某些特征。针对幼儿的争吵事件，观察者可以用事件取样观察记录表（表 2-2）将相关情况记录下来，以便对幼儿的争吵行为进行分析。

表 2-2　事件取样观察记录表

幼儿姓名	年龄	性别	争吵持续时间	争吵发生背景	争吵原因（争玩具、争领导权等）	参与者的角色（争吵引发者、主要侵犯者等）	争吵时的语言、动作	结果（被迫让步、自愿让步、和解、旁观儿童干预）	后果（高兴、生气、不满等）

事件抽样法看起来比较简单。选择一个事件作为观察对象，不管这个事件是争吵、社会互动，还是依赖行为。此时，观察者根据代表该事件的行为来界定事件。在观察场景中，观察者站在能够观察到婴幼儿的位置，一直等到这个事件的发生。

事件抽样类似叙述性描述，但如果行为不属于观察者界定的事件的范畴，那么观察者就会忽略这些行为，而且事件抽样不关注行为发生的时间，而叙述性描述记录每个行为，不管这个行为分属哪个特定类别。

事件抽样法能保证观察行为与情境的完整性，多元化适应观察者需求，适用于记录频繁发生的行为，不适用于记录不常出现的行为。因缺少观察行为的详细资料，故不适合作为深入研究的记录方法。

4. 时间取样法

时间取样法即在预先设定的时间范围中，观察并记录特定的行为表现。此种方法可以观察与记录一个或多个婴幼儿的行为。在时间取样的规划上，观察者可以采取“间隔时间取样”或“随机时间取样”等不同形式，针对取样时间内的行为表现进行观察与记录。

时间取样法具有以下优点：

第一，时间取样法方便易行。观察者如果没有较先进的设备，那么只需准备钟表、笔和行为核查表就行了。观察者并不需要记录行为是什么时候出现和结束的，只记录行为的出现与否就行了。若是几名观察人员一起观察，则无论观察者是否在同一个时间间隔里看到某个行为出现的全部次数，他们都只需就行为至少出现一次或一次也未出现达成共识即可。同时，观察者既不需要关注行为出现的顺序，也无须关注几种行为是否同时发生。

第二，时间取样法可以用于大样本的研究，易取得有代表性的行为样本，克服了传统记录法只适用于个别或少数样本的局限性。

第三，时间取样法有助于研究者在较短的时间内获得大量的信息。编码记录表能有效地指导观察者进行观察，并同时对数据进行编码整理，比传统的记叙式记录法省时又省力，而且能在一定程度上保持记录的精确性和客观性。

第四，时间取样法记录结果既能用于质性分析，又能用于量化研究，提供量化数据，有利于进行各种统计分析。

第五，时间取样法使观察目的明确而具体，因而能对观察内容、观察过程进行较为有效的控制。

案例

3岁幼儿在建构游戏中的合作水平

观察对象：性别：　　　年龄：　　　观察者：

观察目标：幼儿在建构游戏中的合作行为

观察目的：了解幼儿在建构游戏中的合作水平

时间	游戏合作水平分类					
	0 级合作水平	1 级合作水平	2 级合作水平	3 级合作水平	4 级合作水平	5 级合作水平

0 级合作水平：无合作行为，完全专注于自己的建构活动，对其他小朋友的建构行为毫无兴趣，也不会主动或被动地与他人合作。

1 级合作水平：在教师引导或他人主动邀请下，能够简单地参与合作，但合作时间较短，注意力容易分散，可能只是短暂地模仿他人动作。

2 级合作水平：在教师引导或他人主动邀请下，能够较长时间地参与合作，愿意跟随他人一起完成简单的建构任务，但缺乏主动性和创造性。

3 级合作水平：自己遇到困难时，能够主动寻求帮助，愿意与他人合作完成任务，但在合作过程中可能需要较多的指导和帮助。

4 级合作水平：能够主动帮助他人，为同伴提供简单的指导或建议，但在合作过程中可能仍以自己的想法为主，不太愿意接受他人的意见。

5 级合作水平：能够与同伴平等合作，愿意分享自己的想法，也能接受他人的建议，与同伴经过简单的协商共同完成建构任务。

时间取样法也存在一些缺点。

第一，时间取样法容易使人们对行为的一些重要属性产生认识上的偏差，而且易让人误解这些属性对其他行为所产生的影响。行为的不同属性（如频率和持续时间）对社会相互作用产生的影响是不同的。例如，母亲抱起孩子的次数与母亲抱着孩子的持续时间比起来，其对婴幼儿心理健康所起的作用就不太重要。但时间取样法有时会混淆行为的这些属性，例如，观察者把母亲抱起或放下孩子的事件编码为“1”，同时把母亲抱着孩子的状态也编码为“1”，这就会让人困惑：婴幼儿的心理健康与母亲抱孩子的频率相关，还是与母亲抱着孩子的持续时间相关呢？

第二，时间取样法无法记录行为发生的顺序，而且它所记录的顺序也不是真正的顺序。因为在一个时间间隔内出现过不止一次的行为并没有被全部记录下来。另外，如果行为是在两个观察间隔之间出现的，那么其次序也会被漏掉。

第三，对同一被观察者的同一类行为采用不同的观察记录法，如采用时间取样法和采用事件取样法，会产生不同的结果，而且即使两项研究都采用了时间取样法，如果取样的时间间隔长度不相等，那么其结果也可能会不同。

第四，有研究表明，时间取样法不能准确地估计行为的持续时间，当某一行为总的持续时间或每一次出现的时间都比较短且频率又低时，那就更是如此了。取样的时间间隔长度和行为的总的持续时间都能对时间取样数据的准确性产生很大的影响。取样时间间隔长度增加，误差率也随着提高；行为总的持续时间变长，误差率则会下降。

5. 行为检核法

行为检核法又称为清单法、检测表单法等，是指观察者依据一定的观察目的，事先拟定所需要观察的项目，并将它们排列成清单式的表格，然后通过观察，根据检核表逐一检视婴幼儿行为出现与否的一种记录方法。一般来说，行为检核法的记录方式是二选一，即使用“是”或“否”（或者“有”或“无”）来进行记录。检核表用途广泛，使用简便。观察婴幼儿时，可以运用检核表记录特定情境中特定行为的发生情况。

行为检核法有两个关键词，分别是“特定行为”和“特定情境”。观察者必须在开始观察之前明确检核表应包含哪些项目并设计好检核表。以观察幼儿亲社会行为为例，观察者在观察前首先要明确观察哪些行为，如协同行为、帮助行为、分享行为等，然后设计相应的行为检核表（表 2-3）。如果没有这张表，观察者就可能错过一些关键信息，并且也无法核查工作的完成进度。

表 2-3　3 岁幼儿亲社会行为检核观察记录表

行为	情境测验	行为方式	是	否
协同行为	观察者对幼儿说：“这儿有好多纸杯，我们一起来玩叠纸杯的游戏吧。”观察幼儿行为，若幼儿没有反应，则观察者等待 30 秒后，向幼儿发出请求：“你跟我一起玩好吗？”再观察幼儿行为	有协同行为		
		提示后有协同行为		
		提示后仍无协同行为		
帮助行为	幼儿在自由活动时，观察者经过幼儿身边，“不小心”将一支笔掉到地上，立即说：“啊，我的笔掉了。”观察幼儿行为。若幼儿没有反应，则观察者等待 30 秒后，向幼儿发出请求：“我的笔掉了，你可以帮我捡一下吗？”再观察幼儿行为	有帮助行为		
		提示后有帮助行为		
		提示后仍无帮助行为		
分享行为	观察者对幼儿说：“我这里有两张好看的贴纸，送给你。”在幼儿接过后，说：“我等会做手工需要贴纸，可是我没有贴纸了。”观察幼儿行为。若幼儿没有反应，则观察者等待 30 秒后，向幼儿发出请求：“你可以分给我一张贴纸吗？”再观察幼儿行为	有分享行为		
		提示后有分享行为		
		提示后仍无分享行为		

特定情境是指检核表中有一些行为发生的特定的情境。例如，如果检核表涉及身体或肌肉动作，那么理想的做法是在这些行为最有可能发生的情境中观察它们，如积木区、户外游戏区等，从而提高观察效率。

行为检核法设计与使用的便利性较高，上手简单。观察者不仅可以在多种不同情境中使用，还可以与其他方法一起使用。行为检核法很高效，因为它可以把复杂的描述性信息变成简单的标记或符号，由此提供便于量化的数据。符号往往代表一个类别，如社会交往、争吵等。而类别的划分实际上就是将具有某些共同特征的行为归为一组。行为检核法不需要记录行为的所有细节。运用行为检核法需要事先做好缜密的准备工作。检核表还可以提供不同时间、不同情况下的行为信息，以揭示随时间流逝、情境变化而产生的发展或行为变化。行为检核法可以帮助观察者确定需要对哪些行为、技能等继续做详细观察和记录。运用行为检核法可以节省许多时间。

行为检核法也有一定的缺点。检核表的填写内容通常缺少脉络信息，不利于对观察行为的理解与分析；观察者不需要严格训练，容易掺杂主观偏见，从而影响记录效度。

托育课堂

婴幼儿心理行为发育水平评价表

月龄	发育水平	评价情况
3月龄	被竖抱时头可以稳稳地立着	□是　□否
	可将放在手里的玩具握一会儿	□是　□否
	能发出声音回应成人的话语	□是　□否
	能用眼睛寻找声源	□是　□否
	能用笑回应成人的笑	□是　□否
6月龄	可自己坐一会儿（允许手撑着地面）	□是　□否
	能将玩具从一只手传递到另一只手	□是　□否
	听到成人叫自己的名字时，可以朝声音的方向转头	□是　□否
	看到物品掉落能去找	□是　□否
	能区分熟人和生人（如被妈妈抱时表现得高兴）	□是　□否
8月龄	可用腹部贴着床面爬行	□是　□否
	能用两手拿小东西对敲	□是　□否
	能发出一连串重复的音节（如“la-la-la”“ma-ma-ma”）	□是　□否
	能注意到物品上的细节（衣服上的纽扣等）	□是　□否
	对陌生人有害怕等反应	□是　□否
12月龄	（不扶东西）可自己站数秒以上	□是　□否
	能把小丸放进小瓶	□是　□否
	能听懂1个以上物品名（如被问鞋在哪儿时，能看向鞋）	□是　□否
	能模仿他人正在做的动作（如拍手）	□是　□否
	对他人的表情有反应（如看到妈妈不高兴时，也不高兴）	□是　□否
18月龄	能扶着墙或栏杆上楼梯	□是　□否
	能用手旋拧（如拧瓶盖、上发条等）	□是　□否
	能说出3个有意义的词	□是　□否
	知道常用物品的用途（如杯子用来喝水、灯用来照明）	□是　□否
	能与他人玩传球等互动游戏	□是　□否
24月龄	能双脚同时离地跳起	□是　□否
	能一页页地翻书	□是　□否
	能说简单的句子（如妈妈抱宝宝等）	□是　□否
	能玩装扮游戏（如假装给娃娃喂饭）	□是　□否
	能主动示意要大小便	□是　□否

托育课堂

续表

月龄	发育水平	评价情况
30月龄	能双脚向前跳出一段距离	□是 □否
	能模仿大人画横线	□是 □否
	能回答简单的问题（如答出自己名字）	□是 □否
	能模仿他人用积木搭火车、小桥等	□是 □否
	懂得轮流（如排队滑滑梯）	□是 □否
36月龄	能单脚站5秒以上	□是 □否
	能用绳穿扣子或串珠	□是 □否
	能讲简单的故事或说出大部分故事情节	□是 □否
	能理解时间（如现在、明天）	□是 □否
	会自己穿鞋子或袜子	□是 □否

说明：

1. 若婴幼儿能够达到相应发育水平，照护人就在该项发育标志后选“是”。这表示婴幼儿达到相应月龄大多数婴幼儿的能力发展水平。

2. 照护人如发现婴幼儿在相应月龄有1项发育标志未出现，应通过加强亲子互动与玩耍等方式促进婴幼儿发育，并向专业人员寻求指导和帮助；照护人如发现婴幼儿在相应月龄有2项及以上发育标志未出现，应带婴幼儿到医疗机构进行相关检查。

项目小结

通过本项目的学习，学生能掌握参与性观察与非参与性观察，定期观察、短期观察和长期观察，开放式观察和封闭式观察，直接观察和间接观察等不同的观察方法，日记描述法、轶事记录法、时间取样法、事件取样法、行为检核法等不同的记录方法，懂得应根据不同的场景，选择适切的观察与记录方法，提高科学、客观选择观察与记录方法开展实践的素养。

小试牛刀

1. 知识实践运用：观察与记录幼儿在户外活动中的社交行为。

要求：选择合适的观察与记录方法，并形成观察记录表。

2. 托育园实践运用：观察与记录幼儿在户外活动中的社交行为。

要求：前往校企合作单位或实训基地，根据设计的观察记录表，开展观察记录工作。

项目练习

一、填空题

1. 记录观察数据时，应避免的三种错误：_______________、_______________、_______________。

2. 最古老的一种记录形式是父母观察子女所做的_________________。

二、判断题

1. 婴幼儿行为观察只能通过直接观察法进行。(　　)

2. 时间取样法能够提供关于行为发生顺序的准确信息。(　　)

3. 轶事记录法适合用于记录婴幼儿的典型行为。(　　)

三、简答题

1. 简述婴幼儿行为观察的方法。

2. 简述时间取样法的优点。

3. 简述轶事记录法的特征。

四、案例题

黄老师注意到近期美美小朋友在午餐时间频繁出现挑食、剩饭剩菜的现象，这不仅影响了美美均衡的营养摄入，还可能对其身体健康和饮食习惯产生不良影响。为了深入了解这一现象的原因，并寻找有效的干预策略，教师决定采用事件取样法来观察并记录美美在午餐时间的行为。

请帮助黄老师设计一份观察记录单。

项目三

记录与解释婴幼儿行为

学习目标

1. 掌握不同类型观察资料记录与解释的方法及过程，了解记录与解释时应该遵循的原则，明确记录观察行为及解释行为的注意事项。

2. 会整理婴幼儿行为观察的原始记录资料，能够根据相关理论客观评价婴幼儿的发展水平，解读其行为意义，具备引导婴幼儿行为发展的能力。

3. 树立正确、客观、严谨的资料分析、整理和解读理念，遵守科学解读的原则。

学习导图

- 项目三　记录与解释婴幼儿行为
  - 任务一　记录与解释婴幼儿质性观察资料
    - 一、婴幼儿质性观察资料记录与解释的过程
    - 二、婴幼儿质性观察资料记录与解释的原则
  - 任务二　记录与解释婴幼儿量化观察资料
    - 一、婴幼儿量化观察资料记录的方法与工具
    - 二、婴幼儿量化观察资料的解释
  - 任务三　学习婴幼儿行为解释的相关理论
    - 一、依恋理论
    - 二、认知发展理论
    - 三、心理社会发展理论
    - 四、行为主义理论
  - 任务四　实训操作——找出观察记录解释中存在的问题
    - 找出观察记录解释中存在的问题
  - 任务五　实训操作——用相关理论解释婴幼儿行为
    - 用相关理论解释婴幼儿行为

学习准备

1. 建立学习小组

4~6 人组成一个学习小组，并为学习小组起个有意义的组名。小组合作学习可以帮助成员在思维的碰撞中丰富知识、拓展能力，也有助于成员增强合作学习的能力，更好地完成学习任务。

2. 学习小组分工

在小组合作学习中，每个小组成员都应发挥自己的作用，并通过合作共同完成学习任务。请按照学习内容或在小组中承担的任务进行学习小组分工，并填写学习小组分工表（表 3-1）。

表 3-1　学习小组分工表

组名			
组员姓名	具体分工	组员姓名	具体分工

任务一　记录与解释婴幼儿质性观察资料

任务描述

婴幼儿质性观察资料的记录主要是以文字叙述方式呈现观察过程和观察结果，主要包括日记法、轶事记录法、实况详录法、样本描述法等。对质性观察资料的解释就是将与行为有关的意义层层滤出。本任务需要小组合作学习，掌握质性观察资料记录与解释的原则及方法，并能在之后的实践中运用这些知识。

任务前导

表 3-2　阳阳攻击行为观察表

观察时间：××××年××月××日　　观察地点：××
观察对象：阳阳　　观察对象的年龄：3 岁
观察对象的性别：男　　观察者：××
观察目的：了解阳阳攻击行为的特点

编号	时间	地点	发生背景	做了什么	行为性质
1	8:50 区角活动时间	积木区角	阳阳想到积木区玩积木，但是明明不让他加入	阳阳用脚踢乱了明明和其他两个小朋友搭的积木就跑走了	破坏他人玩具
2	9:30 自由活动时间	厕所	厕所里，好几个男孩子围着小便池在小便	阳阳冲进去，用力推开两个小朋友，一边说“走开，走开”，一边使劲挤进去小便	身体攻击

以上案例是不是质性观察？

知识点拨

一、婴幼儿质性观察资料记录与解释的过程

质性观察法强调的是对观察资料的详细记录，既注重观察情境的真实性，又强调对观察情境的整体关联和深度解释。一般来说，很多婴幼儿行为观察方法都属于质性观察法。但是，质性观察资料记录由于需要记录的内容太多，运用时必须要注意几个问题：一是每次只记录一个目标行为或事件，防止因涉及面太广而无法完整描述和记录；二是要客观地描述和记录，不能在未验证之前就进行主观推论；三是要尽快整理，防止遗忘或者遗漏重要细节；四是可以借助一些辅助资料如视频或

者照片进行佐证。

质性观察、记录与解释具体包括以下几个环节。

（一）筛选

筛选是指在观察之前，明确观察的目标和重点，选择需要记录的行为或事件。这一环节是质性观察、记录与解释的基础，它决定了后续观察和记录的方向。在筛选过程中，观察者需要充分考虑观察的目的、婴幼儿的特点，以及观察环境的实际情况，确保所选目标具有代表性和研究价值。

筛选时可以借助专业的婴幼儿行为观察量表或工具。这些量表的内容通常包含婴幼儿常见行为的分类和描述，可以帮助观察者快速定位目标行为。同时，观察者还需要具备一定的专业知识和经验，以便在观察过程中准确识别并筛选出符合研究目标的行为或事件。

此外，筛选还需要注意平衡全面性和针对性。一方面，要确保所选目标能够全面反映婴幼儿的行为特点和发展状况；另一方面，也要针对具体的研究问题或假设，选择具有代表性的观察目标，以提高观察的效率，达到理想的效果。

（二）观察与记录

筛选之后便进入了实质性的观察与记录环节。这要求观察者细致入微地捕捉婴幼儿的行为细节，包括动作、表情、声音等，并尽可能保持观察情境的真实性。记录的方式可以多样化，如文字描述、图表记录、录音录像等。采用哪种方式取决于观察的目的和实际情况。在记录过程中，观察者需要保持专注和耐心，以确保记录的准确性和完整性。

（三）解释

婴幼儿行为观察的解释，指的是依据观察的结果分析婴幼儿的某些行为产生的原因，并由此推断婴幼儿的实际发展水平，以获得对婴幼儿更加全面的认识。

例如，1 岁的婴儿之所以不会玩“扮家家”的游戏，是因为婴儿处于皮亚杰认知发展理论中的感知运动阶段。他们由于没能掌握语言及用符号表征认识世界的能力，所以无法进行“扮家家”这类象征性游戏。其中，不会玩“扮家家”游戏是婴幼儿的行为，处于感知运动阶段则是婴幼儿出现这种行为的原因，以皮亚杰的认知发展理论来说明婴幼儿的某些行为就是一种对婴幼儿行为观察的解释过程。

二、婴幼儿质性观察资料记录与解释的原则

（一）整体性、连续性和系统性原则

整体性原则要求观察者将观察对象置于整体环境中进行考量，注意其行为与环境的相互关联。这有助于深入理解婴幼儿行为背后的原因和机制，从而得出更为准确的解释。在整个质性观察资料记录与解释的过程中，观察者还要注意保持观察的连续性和系统性。连续性原则要求观察者需要持续地进行观察和记录，以便能够捕捉到婴幼儿行为发展的动态变化。系统性原则要求观察者按照一定的逻辑框架和步骤进行观察和记录，以便能够形成条理清晰、逻辑严密的观察资料。只有这样，才能够为后续的研究和分析提供有力支持。

（二）客观性原则

“标签”必须客观、有效，真正代表婴幼儿个人的行为意义。在外显的行为上，成人与婴幼儿有很大差异。成人有时会隐瞒内心的真实想法。婴幼儿因受发展水平的限制，其行为往往就是其内心想法的真实表达。因此，观察者直接用表达心情的词汇来记录婴幼儿的行为也是可以的。

观察者在记录与分析婴幼儿行为的过程中，容易带入自己的主观偏见，造成记录或分析结果失之偏颇。例如：在观察婴幼儿偏食行为时，观察者如果本身也有相同经验，就可能会用自身的感受来描述婴幼儿行为；反之，对于自己不喜欢的行为，则可能过分强调婴幼儿的问题，夸大婴幼儿的行为，未能从专业、公正的角度来解释观察的结果。如“明明故意用力地踢了兴兴一脚”就是错用词语或过度描述行为，观察者应自我修正。有关行为程度的形容或描述也需保证客观性。很多观察者常常依据自己的主观经验来随意做判断，如用“暴躁”“冲动”“文静”等词语来描述婴幼儿行为。例如，“小军不停地从椅子上跳下又跳上，连续做了十几次”。若观察者以“多动”来记录，则失之偏颇，除非能证实这种行为达到了“多动”的程度，用“连续的反复动作”评价则更客观。

（三）适度分析原则

婴幼儿行为意义的标签是否贴切，必须根据行为的整体性、连续性等来判断。但是在做质性分析时，重点标签需把行为切成段落来记录。成人在判断时，常下意识地对不完整的片段做补充，使之趋于完整，这可能导致所产生的重点分析不贴切。

例如，“小云转过身，注视着同伴，在同伴脸前挥舞握着的拳头”。分析者若以“攻击行为”来记录，似乎已经确定小云的下一个行为就是打人。但事实并不一定如此，分析者必须根据小云的后续行为才能判断该行为的意义，选择正确的标签记录。又如，“小云转过身，注视着同伴，在同伴脸前挥舞握着的拳头，大声地说‘我想打人了’，然后跑开了”。分析者若以“攻击行为”来记录，则犯了过分夸大的错误，因为仅凭行为的片段并不能判断小云是否具有攻击性，只能说其有“攻击念头”。

在面对复杂情况时，分析者有时也会犯过分小心的错误，使得行为意义过于琐碎。例如，“小云转过身，注视着同伴，在同伴脸前挥舞握着的拳头，随即又放松拳头，‘哈哈’一笑，双手用力拍同伴的手臂”。“标签”记录为“转身”“注视”“舞拳”“松拳”“大笑”“表示友善”，但这些都只是动作。由单独动作很难看出意义，即使联合几个动作来看，也会觉得意义很模糊。因此，在分析上述意义不明确的客观资料时，分析者可以加入观察时的主观成分，写成疑难问题“压抑攻击念头?”。在分析完整个资料后，“问题”可能就成了明确的“标签”。

任务二 记录与解释婴幼儿量化观察资料

任务描述

婴幼儿量化观察资料的记录是指在观察婴幼儿行为过程中，通过预先设计的量化指标和工具，对婴幼儿的行为发展水平等进行系统、客观的记录，并将观察结果转化为可量化的数据。这一过程是婴幼儿量化观察研究的基础，能为后续的数据分析和解释提供原始依据。因此，根据量化记录得出的解释往往更为客观和精确。本任务需要小组合作学习，掌握量化观察资料记录与解释的方法，并在后续实践中应用这些知识。

任务前导

表 3-3 31~36 个月幼儿语言能力发展检核表

幼儿姓名：
年龄：
性别：

观察地点：
观察日期：
观察者：

项目	是	否
1. 能够理解并正确回答成人提出的问题		
2. 能够理解一些介词、代词、动词、形容词		
3. 破句现象出现		
4. 可以和周围的人进行较为自由的交谈		
5. 愿意表达自己的需求，并配以肢体动作		
6. 能口齿清楚地说儿歌、童谣或简短的故事		
7. 与别人讲话时眼睛看着对方		
8. 说话自然，音量适中，并能在成人的提醒下使用恰当的礼貌用语		

思考：表 3-3 涉及的项目是否属于量化观察？

知识点拨

表 3-3 是一个关于 31~36 个月幼儿语言能力发展的检核表，该表从倾听和表达两个方面设计项目，并对目标行为出现与否进行统计和分析。量化记录相较于质性记录的优点是能够在观察的同时随时记录，方便快捷。但是，这种方法前期需要做很多的准备，比如必须提前对目标行为进行准确划分，否则记录的结果就会很混乱。另外，检核表也容易忽略目标行为以外的有效行为，导致观察

者的观察范围受限。所以，很多时候量化记录只能说明发生了什么，不能说明为什么发生。

一、婴幼儿量化观察资料记录的方法与工具

婴幼儿量化观察资料的记录通常需要借助相应的表格和电子记录工具。

（一）观察量表

观察量表是量化记录常用的工具之一，它根据婴幼儿发展的不同领域和阶段，涉及一系列的量化指标和评分标准。常用的观察量表包括身体发育量表、认知发展量表、语言发展量表、社会交往量表等。

1. 身体发育量表

身体发育量表主要记录婴幼儿的身高、体重、头围等生理指标及动作发展情况（表3-4），如翻身、坐、爬、走等。例如，世界卫生组织发布的儿童生长发育标准，为不同年龄段婴幼儿的身高、体重等提供了详细的百分位数曲线。托育工作者可以根据婴幼儿的实际测量数据，在相关量表上进行标记和评估，判断其身体发育水平是否正常。

表3-4　2~3岁幼儿精细动作发展评定量表

幼儿姓名		性别		记录日期		观察者	
精细动作				评定等级			
叠高积木				1　2　3　4　5			
使用筷子				1　2　3　4　5			
用笔画出平行线				1　2　3　4　5			
玩倾倒游戏				1　2　3　4　5			
自己翻书				1　2　3　4　5			
玩粘贴游戏				1　2　3　4　5			
注：1—从未尝试；2—进行尝试，但从未获得成功；3—进行尝试，偶尔获得成功；4—进行尝试，多次获得成功；5—熟练掌握							

2. 认知发展量表

认知发展量表用于评估婴幼儿的感知觉、注意力、记忆力、思维能力等方面的发展情况。这类量表通常通过一系列标准化的测试项目，对婴幼儿的认知能力进行量化评估。

3. 语言发展量表

语言发展量表用于评估婴幼儿语言能力方面的发展情况。这类量表通常通过一系列指标对婴幼儿的词汇量、句子结构、语言沟通水平等进行量化评估。

4. 社会交往量表

社会交往量表用于评估婴幼儿的社会交往能力。这类量表通常通过一系列指标对婴幼儿的社会交往情况，如眼神交流、面部表情、身体接触、分享行为、对同伴的反应、主动与他人交流等进行量化评估。

使用观察量表时，需要注意以下几点。首先，要根据婴幼儿的年龄、发展特点，以及观察目的来选择相应的量表，确保量表的适用性和有效性。其次，严格按照量表的要求进行操作，包括测试环境的设置、测试过程的控制、评分标准的执行等，以保证观察记录的准确性和一致性。再次，定

期进行量表的更新和校准。随着婴幼儿的发展和教育实践的变化，量表的内容和指标也需要不断调整和完善，以保持其科学性和时效性。

（二）记录表格

记录表格是一种灵活、简便的量化记录工具，观察者可以根据具体的观察内容和要求自行设计。常见的记录表格包括日常活动记录表、行为观察记录表、发展里程碑记录表等。

1. 日常活动记录表

日常活动记录表记录婴幼儿在托育机构中的日常活动安排和表现，如进餐、睡眠、游戏、学习等活动的时间、状态和参与程度。例如，观察者设计一个表格，列出一天中各个时间段的活动内容，在相应的时间段内记录婴幼儿的进餐量、睡眠时长、游戏时的情绪表现（表3-5）等，以便了解婴幼儿的日常活动规律和需求。

表3-5　婴幼儿情绪管理记录表

幼儿姓名：小虎　　性别：男　　年龄：11个月

目标行为	开始时间	结束时间	出现次数/次
厌烦、无聊	10:00	10:30	7
能够自己一个人玩耍	10:00	10:30	4
自我安慰行为	10:00	10:30	0

2. 行为观察记录表

行为观察记录表专门记录婴幼儿的特定行为表现，如攻击性行为、亲社会行为、注意力集中时间等。例如，观察者设计一个行为观察记录表，列出婴幼儿可能出现的各种行为类型，在观察过程中对每种行为的发生次数、持续时间、行为对象等进行记录，从而分析婴幼儿的行为特点和行为问题。

3. 发展里程碑记录表

发展里程碑记录表记录婴幼儿在不同年龄阶段应该达到的发展里程碑。例如，根据婴幼儿的发展规律，观察者设计一个里程碑记录表，列出各个年龄段的关键发展指标，在婴幼儿达到相应指标时进行记录和标记，以便及时了解婴幼儿的发展进度，以及是否存在发展延迟的情况。

使用记录表格时，要确保记录的及时性和完整性，避免记录不及时或遗漏导致数据不准确等错误。

（三）电子记录工具

随着信息技术的发展，电子记录工具在量化记录中得到了广泛应用。常用的电子记录工具包括电子表格软件、专业观察记录软件等。

1. 电子表格软件

电子表格软件如Excel等可以创建电子版的观察量表和记录表格，方便数据的输入、存储和分析。例如，托育机构可以建立一个婴幼儿发展档案电子表格，将每个婴幼儿的记录和评估数据录入其中，通过设置公式和图表功能，快速统计和分析婴幼儿的发展情况，生成直观的报告。

2. 专业观察记录软件

专业观察记录软件，如行为观察记录软件、婴幼儿发展评估软件等，通常具有丰富的功能模块和专业的观察指标体系，能够为托育工作者提供便捷的观察记录和数据分析服务。例如，行为观察记录软件可以自动记录婴幼儿行为的发生时间、持续时间等，并提供行为分析图表和报告，帮助托育工作者更好地了解婴幼儿的行为特点和发展趋势。

使用电子记录工具时，需要注意数据的安全性和隐私保护要求，确保婴幼儿的个人信息和观察数据不被泄露或滥用；同时，要定期进行数据的备份和整理，防止数据的丢失或损坏。

二、婴幼儿量化观察资料的解释

量化观察资料的解释直接关系到对婴幼儿发展状况判断的准确性。不同类型的量化观察记录表（如检核表、等级评定表、行为记录表等）因记录方式不同，解释逻辑和要点也存在差异。但无论采用哪种量化观察记录表，解释时都需遵循三大基本原则：一是综合性，即结合多种观察方法的记录结果进行交叉验证；二是持续性，通过多次观察的记录数据分析发展趋势，避免单次记录的偶然性；三是情境性，明确表格记录仅反映特定时间、环境下的表现，不可绝对化推断。

（一）行为检核表的解释

行为检核表的核心记录内容是特定行为是否出现。解释行为检核表的记录时需注意以下几点。

（1）“是”与“否”含义解读。

①“是”仅表明在观察时段内该行为被观察到，解释时需进一步结合行为发生的频率、情境判断行为的稳定性。例如，若检核表中“能够理解并正确回答成人提出的问题”一项记录为“是”，观察者需补充观察该行为是在熟悉环境中对简单问题的回应，还是在复杂情境中对多样问题的准确回应。

②“否”不代表行为“缺失”，可能是因为观察时长不足、情境不适（如幼儿情绪不佳）或行为尚未发展成熟。例如，若“能口齿清楚地说儿歌、童谣或简短的故事”一项记录为“否”，观察者需多次在游戏、集体活动等不同情境中观察，排除偶然因素。

（2）多项目的关联分析。

检核表的项目往往围绕同一发展领域（如语言能力的“理解”“表达”“互动”）设计，解释时需关联多个项目的“是/否”结果。例如，“能够理解一些介词、代词、动词、形容词”一项记录为“是”，“破句现象出现”一项也记录为“是”，这并非矛盾。前者反映语言理解的进步，后者体现31~36个月幼儿语言表达中语法运用的阶段性特点。解释需结合幼儿年龄特征。

（3）避免单一判定。

不可仅凭某一项目的“否”判定婴幼儿发展滞后。例如“与别人讲话时眼睛看着对方”一项记录为“否”，可能是因为幼儿专注于手中的玩具（情境因素）。解释时需结合“愿意表达自己的需求，并配以肢体动作”等其他行为的记录，综合判断幼儿的发展情况。

（二）等级评定表的解释

使用等级评定法时，首先，需要根据观察目标选取适合的等级评定表（例如表3-6）。在相关领域的研究中有一些成型的量表，它们经过研究者多次的使用和修订，不断得到改进和完善。观察者在使用等级评定法时，应该尽量查找并采用一些通用的、具有一定权威的量表。这样既有利于获得大量有效的观察信息，又可以减少前期准备工作。

表 3-6　乐乐同伴互动行为等级评定记录表（节选）

幼儿姓名：乐乐　　性别：男　　年龄：2 岁 10 个月

友好型互动行为	评定选项			
	经常	很少	偶尔	从不
能够安慰受伤或难过的幼儿	√			
会帮助其他幼儿		√		
在装扮游戏中有创造力		√		
能够与大家分享故事			√	
鼓励其他幼儿加入自己的游戏		√		
能够有礼貌地指导别人的行为				√
在游戏中情绪愉快	√			

等级评定法本质上是观察者对观察对象的一种主观判定方法，在使用时观察者需要尽量避免主观偏见的干扰。解释等级评定表的记录时需注意以下几点。

（1）等级含义的精准对应。

由于不同量表的等级定义不同，解释前需明确等级与行为的关联。例如，“2~3 岁幼儿精细动作发展评定量表”（表 3-4）中“叠高积木”记录为“3 级”，对应“进行尝试，偶尔获得成功”，这表明幼儿正处于该动作的探索阶段。评价者需结合“自己翻书”“玩粘贴游戏”等其他精细动作的等级，判断其整体精细动作的发展情况。又如“乐乐同伴互动行为等级评定记录表”（表 3-6）中“能够安慰受伤或难过的幼儿”记录为“经常”，评价者需将之与“鼓励其他幼儿加入自己的游戏”的“很少”关联，分析乐乐行为的倾向性（如共情能力强但主动发起互动较少）。

（2）等级数据的动态分析。

等级评定的核心价值在于通过多次记录的等级变化，观察发展趋势。例如，若首次观察中“使用筷子”为 2 级（进行尝试，但从未获得成功），1 个月后记录为 4 级（进行尝试，多次获得成功），说明幼儿在成人引导或自主练习中获得了进步。这种动态变化比单次等级更能反映幼儿的发展潜力。

（3）主观偏差的规避。

等级评定带有观察者的主观判断，解释时需参考“多人评定结果”。例如，若 A 观察者记录“玩倾倒游戏”为 5 级（熟练掌握），B 观察者记录为 3 级（进行尝试，偶尔获得成功），则几名观察者需重新核对观察情境（如游戏材料不同），通过讨论达成共识，避免因个人经验差异导致误判。

任务三 学习婴幼儿行为解释的相关理论

任务描述

对婴幼儿行为的观察，不仅需要理论基础，也需要一定的实践经验。陈鹤琴先生的《儿童心理之研究》就是他在对长子连续观察和记录的基础上形成的理论研究成果。一方面，扎实的理论基础有助于观察者对婴幼儿的行为进行客观的观察、记录和分析；另一方面，观察实践也有助于观察者更好地理解理论。观察者在对婴幼儿的行为进行分析与解释时要消除自身的偏见，尽量从多个视角进行评定。本任务需要小组合作学习，掌握婴幼儿行为解释的相关理论，并能在之后的实践中运用这些知识。

任务前导

新手爸爸日记

日期：××月××日　　天气：晴　　宝宝年龄：2岁5个月

最近，我家桃桃不知道怎么回事，只要一看到我和她妈妈坐在一起，就把我们两个分开，自己坐在妈妈怀里。我一靠近，她就推开我，让我坐到其他地方。

有一次，我们带桃桃去商场里玩。她一看到小火车就兴奋地去玩了。我和她妈妈正在一起看一个视频，头和头靠在一起。突然，桃桃不玩了，冲到我们身边，用身体把我们两个分开。我抱住她，然后和她妈妈继续看视频。这时候，桃桃就大声哭了起来。

请你结合依恋理论，解释桃桃的行为。

知识点拨

一、依恋理论

（一）理论概述

依恋理论由英国发展心理学家鲍尔比提出，主要研究婴幼儿与主要照护者（父母等）之间的情感联系。依恋关系是婴幼儿和其主要照护者之间存在的一种特殊关系，是婴幼儿早期发展中的重要情感基础，对其后续的行为和情感发展具有深远的影响。

（二）依恋关系的类型与特点

根据依恋理论，婴幼儿对主要照护者的依恋类型可以分为安全型依恋、回避型依恋和焦虑抗拒型依恋等。

1. 安全型依恋

具有安全型依恋特点的婴幼儿在与主要照护者分离时会表现出明显地不安和焦虑，在主要照护者回来后能够迅速得到安抚，并恢复到正常状态。这种依恋关系表明婴幼儿与主要照护者之间建立了稳定、信任的情感联系。例如，一个具有安全型依恋特点的幼儿在母亲突然离开时，可能会哭闹；但当母亲回来并给予他安慰时，他很快就会停止哭泣，继续玩耍。

2. 回避型依恋

具有回避型依恋特点的婴幼儿在与主要照护者分离时表现出较少的情绪反应，在主要照护者回来后也难以感到安慰，甚至可能会回避主要照护者的接触。这种依恋关系通常源于主要照护者对婴幼儿需求的反应不一致或忽视，导致婴幼儿对主要照护者产生不信任感。例如，一个具有回避型依恋特点的幼儿在母亲离开时可能不会明显地哭闹，但当母亲回来时，他可能会对母亲的拥抱和亲吻表现出抵触和不自在。

3. 焦虑抗拒型依恋

具有焦虑抗拒型依恋特点的婴幼儿在与主要照护者分离时表现出极度焦虑和不安，但在主要照护者回来后又难以感到安慰，可能会同时表现出抗拒和寻求安慰的行为。这种依恋关系通常源于主要照护者对婴幼儿需求的反应不稳定或不恰当，导致婴幼儿对主要照护者产生情绪混乱和不安全感。例如，一个具有焦虑抗拒型依恋特点的幼儿在母亲离开时可能会哭闹不止，而当母亲回来时，他可能会既想靠近母亲，又对母亲的接触表现出抗拒和挣扎。

（三）对婴幼儿行为的解释

依恋理论可以帮助我们理解婴幼儿在不同依恋关系背景下的行为表现和情感反应。例如，一个具有安全型依恋特点的幼儿更容易与同伴建立良好的关系，表现出积极的社交行为，因为他从依恋关系中获得了安全感和信任感，能够自信地与他人互动。而一个具有回避型依恋特点的幼儿可能会在社交活动中表现出退缩和不信任，因为他对人际关系缺乏安全感，担心被拒绝或伤害。通过了解婴幼儿的依恋类型，教师和家长可以更有针对性地提供支持和引导，帮助婴幼儿建立良好的人际关系。

二、认知发展理论

（一）理论概述

皮亚杰的认知发展理论是婴幼儿行为解释的重要理论基础之一。该理论认为，儿童的认知发展是一个由简单到复杂、由低级到高级的逐步建构的过程，分为四个阶段：感知运动阶段、前运算阶段、具体运算阶段和形式运算阶段。每个阶段都有其独特的认知特点和行为表现，下面主要针对与婴幼儿密切相关的前两个阶段进行简要分析。

（二）婴幼儿的认知发展特点

1. 感知运动阶段

在这个阶段，婴幼儿主要通过感官和运动能力来认识世界。他们通过触摸、抓握、吸吮等动作与环境互动，逐渐形成对物体的基本认识。例如，通过反复抓握和摇晃玩具，婴幼儿能够理解物体的形状、质地和声音等属性。此外，这个阶段的婴幼儿会逐渐发展出“客体永久性”的概念，即物体即使不在视线范围内但仍然存在。例如，当一个玩具被藏在盒子下面时，幼儿会去寻找它，这表明他已经意识到玩具并没有消失。

2. 前运算阶段

进入前运算阶段后，幼儿开始使用符号（语言、手势、绘画等）来代表现实世界中的事物。他们的思维具有直观性和自我中心性，容易受到表面现象的影响，缺乏逻辑性和可逆性。例如，在进行分类活动时，幼儿可能会根据物体的颜色或形状进行分类，而忽略了其他属性，如大小或重量。此外，这个阶段的幼儿还容易出现“泛灵心理”，即认为无生命的物体也具有生命特征和情感，例如认为玩具会感到“开心”或“难过”。

（三）对婴幼儿行为的解释

皮亚杰的认知发展理论可以帮助我们理解婴幼儿在不同阶段的行为表现。例如，一个近 1 岁的婴儿在玩耍时，可能会反复将玩具从手中扔掉，然后等待成人捡起来，再扔掉。用皮亚杰的认知发展理论来看，这种行为是婴儿在感知运动阶段通过动作与环境互动，探索因果关系的表现。婴儿通过这种重复的动作，逐渐理解自己的行为与外界环境之间的联系，从而促进认知能力的发展。

三、心理社会发展理论

（一）理论概述

埃里克森的心理社会发展理论将个体的心理社会发展分为八个阶段，认为每个阶段都伴随着特定的心理社会任务和冲突。婴幼儿的心理社会发展主要涉及前两个阶段：婴儿期和童年早期。

（二）婴幼儿心理社会发展阶段的任务和冲突

1. 婴儿期

在这个阶段，婴幼儿的心理冲突主要是基本信任与不信任的冲突，婴幼儿的主要任务是建立对周围环境和他人的信任感。他们如果在早期得到了充分的关爱和照顾，如成人按时喂养、及时响应他们的需求等，就会形成信任感，认为世界是安全和可靠的。例如，当婴儿哭泣时，如果母亲能够及时抱起并安抚，婴儿就会逐渐建立起对母亲的信任。相反，如果他们的需求得不到满足或成人给予的反应不一致，他们就可能产生不信任感，认为世界是不可预测和不安全的。

2. 童年早期

在这个阶段，幼儿的心理冲突主要是自主与羞愧（或怀疑）的冲突。他们开始尝试独立行动，如自己吃饭、穿衣、上厕所等。他们的主要任务是发展自主性，学会控制自己的身体和行为。他们如果在这个过程中得到了鼓励和支持，如父母允许他们自己尝试并给予适当的帮助，就会产生自主感，认为自己有能力独立完成任务。例如，一个 2 岁的幼儿在尝试自己用勺子吃饭时，虽然动作笨拙，但父母的鼓励和耐心等待会让他感到自己是有能力的。反之，如果幼儿的尝试被过度干预或批评，他们就可能产生羞愧或怀疑，认为自己不够好，无法独立完成任务。

（三）对婴幼儿行为的解释

埃里克森的心理社会发展理论可以帮助我们理解婴幼儿在不同阶段的行为动机和情感反应。例如，一个近 3 岁的幼儿经常主动帮助教师布置活动室，这可能是他表现出的主动性。他通过参与活动，试图对周围环境产生积极的影响，并获得他人的认可和赞赏。他的这种行为如果得到教师和同伴的积极反馈，就会进一步增强他的主动性，促进其社会适应能力的发展。

四、行为主义理论

（一）经典条件反射理论

经典条件反射理论由巴甫洛夫提出，认为学习是通过刺激与反应之间的关联建立起来的。在婴幼儿的行为发展中，经典条件反射可以解释一些基本的生理反应和习惯的形成。例如，婴儿看到喂奶的奶瓶时，会自动产生吸吮的动作，这是由于婴儿在喂奶的奶瓶与吸吮动作之间建立了条件反射。通过这种学习机制，婴幼儿能够逐渐适应环境，形成一些基本的生活习惯和反应模式。

（二）操作性条件反射理论

操作性条件反射理论由斯金纳提出，强调行为的结果对学习的影响。婴幼儿的行为可以通过强化和惩罚来塑造和改变。例如，当婴幼儿完成一项任务或表现出良好的行为时，给予他奖励（表扬、拥抱、玩具等）可以增加这种行为发生的频率。这是正强化的作用。相反地，当婴幼儿表现出不良行为时，给予他惩罚（暂时剥夺玩具、停止游戏等）可以减少这种行为的发生。这是负强化的作用。通过操作性条件反射，婴幼儿能够学习到哪些行为会带来积极的结果，哪些行为会带来消极的结果，从而调整自己的行为，以适应环境的要求。

（三）对婴幼儿行为的解释

行为主义理论可以帮助我们理解婴幼儿行为的形成和改变过程。例如，一个幼儿经常抢夺同伴的玩具，可能是由于他在以往的经历中，抢夺玩具后能够得到玩具方面的满足。根据操作性条件反射理论，教师可以采取适当的强化和惩罚措施，如当幼儿能够主动分享玩具时给予其适当的奖励，当幼儿抢夺玩具时给予其适当的惩罚，从而帮助幼儿逐渐改变不良行为，培养良好的社交习惯。

任务四 实训操作——找出观察记录解释中存在的问题

任务描述

不少观察者在分析观察记录的资料时，往往忽略了分析的主要目的在于了解婴幼儿身心发展情况，并在此基础上指导教育教学。他们常常用一些笼统概括的词语对分析部分一带而过，比如“表现不好，需继续努力”“行为不当”等，既没有客观评价幼儿行为，说明这样的行为为什么不恰当，也没有具体分析幼儿行为表现背后的原因。本任务需要小组合作，根据前面所学的内容，找出观察记录解释存在的问题，并提出修改意见。

实训内容

找出观察记录解释中存在的问题

观察内容

观察记录

轩轩和涵涵来到数学区——蜗牛之家。

第一次：他们把数字贴在蜗牛的家门前，然后再贴上蜗牛。我一看，数量没有对应，我猜测他们可能没有理解如何玩。

第二次：我给他们示范并详细讲解了游戏的规则后，轩轩和涵涵先把所有的蜗牛送到了相应的家里。接着轩轩开始数蜗牛的数量，手指点着蜗牛一个一个数，“1，2，3”。数完之后，她贴上了三个点。涵涵也学着她的方法，开始数其他的蜗牛数量，“1，2，3，4，5”，并找到了数字“5”贴在房子边上。全部做完之后，涵涵又从头再数了一遍，确定正确后，回头看看我，问我对不对。

观察分析：两个幼儿在数学区活动中表现不错，教师指导方法有效。

小组讨论

小组将讨论结果填写在表 3-7 中。

1. 小组讨论该分析是否科学有效，并将讨论结果填写在表 3-7 中。

表 3-7 讨论记录表

组名	
小组成员	
讨论内容	

2. 请对该分析提出修改意见，并填写在表 3-8 中。

表 3-8　修改意见表

组名	
小组成员	
分析	
建议	

任务五　实训操作——用相关理论解释婴幼儿行为

任务描述

本任务需要小组结合所学理论，对所选片段中的婴幼儿行为进行深入分析。请每组成员合作，共同完成对选定片段的观察记录和理论分析，形成一份详细的分析报告。分析时要结合婴幼儿发展阶段的特点，探讨行为背后的原因，以及这些行为对婴幼儿成长的意义。

实训内容

用相关理论解释婴幼儿行为

观察内容

观看纪录片《妈妈宝典》（第一季），每组选择一个片段，用恰当的理论对婴幼儿行为进行分析。

小组讨论

小组将讨论结果填写在表 3-9 中。

表 3-9　观察情况记录表

组名			
小组成员			
观察对象			
性别		年龄	
观察时间		观察地点	
观察目标			
观察记录			
观察分析			

项目小结

本项目主要围绕观察后的资料整理与分析开展，内容涉及婴幼儿质性观察资料、量化观察资料整理及分析的原则与方法。这些原则与方法有助于托育工作者进一步分析婴幼儿的发展特点，做好相应的照护工作。同时，本项目也介绍了婴幼儿行为解释的相关理论。这些理论对了解婴幼儿心理发展和在各类活动中进行观察有很好的支撑作用。

小试牛刀

1. 知识实践运用：用文字客观记录幼儿行为。

要求：扫描右侧二维码，观看视频，客观记录幼儿吃饭的行为。

2. 托育园实践运用：婴幼儿行为多媒体资料录制与分析。

要求：前往校企合作单位或实训基地，结合所学理论知识，针对某一婴幼儿、某一活动等，录制一段多媒体资料，并进行资料整理、记录和分析。

项目练习

一、选择题

1. 在婴幼儿质性观察中，观察者应该（　　）。

A. 尽量保持客观，避免个人偏见　　B. 主观判断婴幼儿的行为动机

C. 只记录可量化的行为数据　　D. 忽略环境因素对婴幼儿行为的影响

2. 量化观察资料记录的特点不包括（　　）。

A. 需要使用标准化的观察工具　　B. 数据易于量化和统计分析

C. 强调观察者对行为的主观解释　　D. 可以用于跨时间或跨个体的比较

3. 下列不属于婴幼儿行为解释的相关理论的是（　　）。

A. 行为主义理论　　B. 认知发展理论

C. 依恋理论　　D. 遗传决定论

4. 在解释婴幼儿行为时，以下选项不是必要措施的是（　　）。

A. 观察婴幼儿的行为模式　　B. 考虑婴幼儿的生理状态

C. 忽略婴幼儿的社会环境　　D. 分析婴幼儿行为背后的心理动机

二、简答题

1. 简述婴幼儿质性观察、记录与解释的三个主要环节。

2. 简述婴幼儿质性观察资料记录与解释的原则。

三、论述题

简要说明几种婴幼儿行为解释的相关理论在实际行为解释中的应用。

项目四

观察与记录婴幼儿动作的发展

学习目标

1. 理解 0~3 岁婴幼儿动作发展的特点和规律。
2. 掌握 0~3 岁婴幼儿动作发展观察与记录的方法和步骤。
3. 能够客观地观察与记录各年龄段婴幼儿的行为。
4. 能够设计适合各年龄段婴幼儿发展水平的训练活动。
5. 树立科学的儿童观、保育观。

学习导图

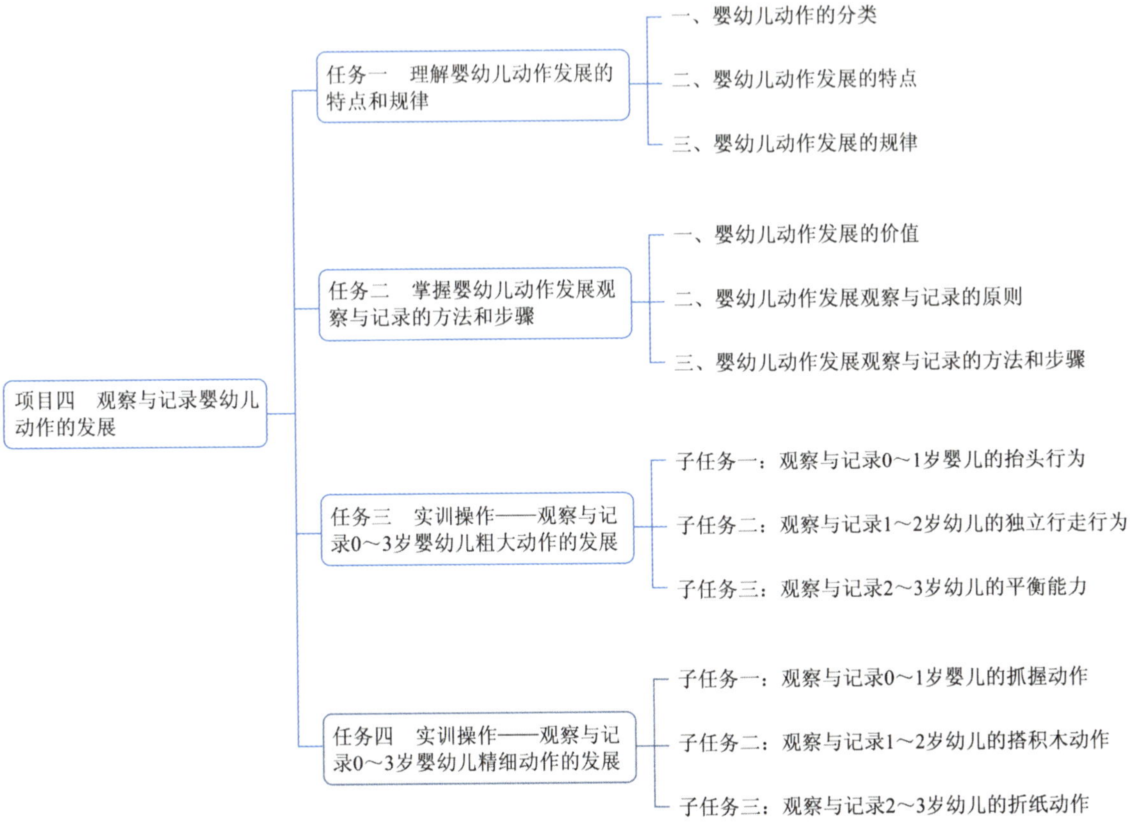

学习准备

1. 建立学习小组

4~6人组成一个学习小组，并为学习小组起个有意义的组名。小组合作学习不仅可以帮助成员在思维的碰撞中丰富知识、拓展能力，也有助于成员增强合作学习的能力，更好地完成学习任务。

2. 学习小组分工

在小组合作学习中，每个小组成员都应发挥自己的作用，并通过合作共同完成学习任务。请按照学习内容或在小组中承担的任务进行学习小组分工，并填写学习小组分工表（表4-1）。

表 4-1　学习小组分工表

组名			
组员姓名	具体分工	组员姓名	具体分工

任务一 理解婴幼儿动作发展的特点和规律

任务描述

动作发展是婴幼儿早期发展的主要方面，对婴幼儿的健康、感觉、知觉、性格、社会性等方方面面都产生着重要的影响。本任务需要小组合作学习，掌握婴幼儿动作的分类、发展特点和规律，并能在之后的实践中运用这些知识。

任务前导

点点是个能干的小男孩。今天的点点充当爸爸的生活好帮手，起床后，就开始帮助爸爸做家务活儿。第一个任务就是擦桌子。只见点点手脚并用地爬上了大人坐的凳子，站在凳子上面，用手拿着小抹布在桌子上面擦呀擦。第二个任务是洗碗。只见点点站在幼儿椅子上，用手打开水龙头，挤一泵洗洁精倒在清洁球上，左手拿着清洁球，右手拿着小碗，洗一洗，冲一冲水，不一会，两个小碗就洗好了。最后一个任务是洗衣服。点点走到洗衣机旁，打开滚筒门，蹲下身体，将所有脏衣服一件一件地放到洗衣机中，然后从旁边的架子上打开洗衣凝珠的盒子，从里面拿出两颗凝珠一起扔进洗衣机里，关上滚筒门，等待爸爸开启洗衣机按钮。

爸爸对点点的表现很满意，点点也开心地蹦蹦跳跳起来。

分析：材料中幼儿的动作哪些是粗大动作，哪些是精细动作？

知识点拨

一、婴幼儿动作的分类

按照心理学上研究动作的惯例，依据涉及肌肉的数量和广泛性，婴幼儿动作可分为粗大动作和精细动作。

（一）婴幼儿粗大动作

婴幼儿粗大动作指的是依赖头颈部肌肉群、腰部肌肉群及四肢肌肉群参与的平衡性动作。粗大动作包括抬头、翻身、坐、爬、站、走、跑、钻、攀登、下蹲、平衡等基本动作。粗大动作有以下三种基本表现形式。

1. 头颈部和躯干控制的动作

头颈部和躯干的动作是婴儿最早出现的自主动作，也是其他大动作发展的基础。例如，婴儿能在俯卧位很好地抬头，就为将来的爬行打下了基础；躯干的直立是训练行走的前提。

（1）头颈部控制动作。

婴儿出生后，首先出现的是抬头动作，这时脊柱开始出现第一个生理弯曲，即颈椎向前弯曲，对头部的稳定起到了重要作用。抬头动作的发展是逐步进行的。婴儿出生后第 1 个月，当身体俯卧时，头部能翘动；出生后第 2 个月，俯卧时抬头，头能离开床面；出生后第 3 个月，俯卧时抬头能达到 45°；出生后第 4 个月，俯卧时抬头能达到 90°。随着头颈部动作的发展，婴儿在任何体位都可以自主地转动头部，并使身体直立，从而扩大他的视线范围，相应地接受更多的视觉刺激，从而促进心理进一步发展，也为以后的翻身、坐、站立等动作的发展打下基础。

（2）躯干部控制动作。

躯干部控制的动作有翻身、坐和站立等。婴儿出生 3 个月后腰肌开始发展，同时强直性颈反射逐渐消失，为婴儿翻身创造了条件。

翻身动作的发展是逐步完成的，其发展顺序如下：先由侧卧转为俯卧，再由仰卧转为侧卧。婴儿大约在 5 个月后能从仰卧转为俯卧，6 个月左右能从俯卧转为仰卧，7 个月左右可先从仰卧转向侧卧，再用一只手支撑身体，慢慢坐起来。翻身这一动作为婴儿的爬行奠定了基础。

婴儿能够翻身以后，随着腰肌控制能力的逐渐发展，从出生 5 个月左右开始，坐的动作逐渐发展。于是脊柱开始出现第二个生理弯曲（胸椎后突），这个生理弯曲对身体的平衡起到重要作用。坐的动作发展顺序如下：先将背直立起来靠着坐，然后用两手向前支撑着坐。婴儿在 7 个月左右能独坐少许时间，在 8 个月左右可稳定独坐并能左右转身，两只手也解放出来，为以后的手眼协调动作的发展打下基础。婴儿在能独坐的同时，开始用两只手扶住栏杆以保持身体的平衡，并且背、腰、臀部能够伸直。

随着下肢肌肉控制能力的发展，1 岁左右的幼儿就能独自站立了。

2. 自主位移动作

（1）爬行。

爬行是婴儿最早出现的自主位移动作。当婴儿能够从仰卧位翻转成俯卧位时，两手能撑起胸腹部，开始试图进行爬行动作。每个婴儿的爬行姿势不尽相同，但开始时大部分是向后爬，这是学爬行的最初阶段。这一阶段的爬行姿势主要是胸腹部着地，两手伸向前方地面，利用手臂弯曲的力量带动身体移动，需要两腿向后蹬的力量加以协助。但这时的婴儿因为两腿向后蹬的力量不够，腿部几乎不能发挥作用，再加上两手向前推的力量大于腿向后蹬的力量，出现了后退爬动作。

后退爬一般仅维持短暂的时间。随着婴儿手臂和腿部力量的增加，婴儿的双肩和胸部能够自如地离开地面，在成人的帮助下，婴儿可以以腹部为支点爬行。在神经系统的调节下，婴儿利用两腿向后蹬的力量，逐渐以膝盖为支撑点，到 9 个月左右时就可以借助手与膝爬行了。幼儿学会爬行不仅能扩大接触和探索环境的范围，而且能锻炼全身的协调能力，并促进大脑的发育和小脑的平衡功能，进而增强感觉统合和协调能力，为以后的行走、跑跳创造了条件，学爬行的过程也锻炼了幼儿的意志。

（2）行走。

婴幼儿学行走是一个渐进的过程。婴幼儿学会独自站立，能够从站位转换成蹲位，并能捡起地面上的玩具，再将身体直立起来，接着很快就可以自主向前行走。每个幼儿学会独立行走的时间不尽相同，早的可在出生后 10 个月就会行走，晚的要到 18 个月左右才会行走。影响幼儿行走的因素很多，从生理发展的成熟程度来看，行走动作与神经系统的成熟程度，躯体平衡能力、肢体控制能力、视动觉协调能力的发展情况及肢体肌肉强壮程度等因素有关，另外，也和开始训练的时间和训练的程度等有一定的关系。

托育课堂

经过科学研究和实践验证，12 个月左右的婴幼儿正处于学习走路的最佳阶段。为了促使婴幼儿尽早迈出人生的第一步，家长应当采取合理的引导和训练方法。

（1）腿部伸展练习。家长可以定期用双手托住婴幼儿的腋下，轻轻托起，并引导其进行蹬腿弹跳动作，以增强其腿部肌肉的伸展能力。

（2）仰卧起坐锻炼。为加强婴幼儿的肌肉力量，家长可与婴幼儿一同进行仰卧起坐运动。在此过程中，家长应确保动作轻柔，以防对婴幼儿造成不必要的伤害。

（3）爬行能力训练。家长应创造机会，让婴幼儿在地板或硬质垫子上进行爬行练习。

（4）站立与攀爬练习。家长可设置与婴幼儿身高相近的玩具或物品，鼓励婴幼儿扶站并尝试抓取。此外，家长还可引导婴幼儿进行简单的攀爬活动，以锻炼其身体协调性和平衡感。

（5）放手站立训练。家长可递给婴幼儿单手难以握持的玩具，如皮球、稍大的玩偶等，引导其逐渐适应放手站立。

（6）前方引导与鼓励。当婴幼儿已经能够扶着行走时，家长可蹲在婴幼儿前方，展开双臂或用玩具吸引其走过来。在初始阶段，家长可保持较近距离，再逐渐增加距离。

（7）扶走环境创设。为培养婴幼儿的学步能力，家长应为其提供一个安全的扶走环境，如利用墙面、沙发、茶几、小床等固定物。

（8）心理安抚与鼓励。婴幼儿在学走路过程中难免会摔倒。家长应保持冷静，避免过度紧张。当婴幼儿摔倒时，家长应及时给予安抚和鼓励，使其感受到安全感，增强其继续学步的信心。

（9）减少抱持。为了让婴幼儿有更多机会练习走路，家长应减少不必要的抱持，鼓励其自由行走和探索。

3. 技巧性大动作

幼儿学会行走以后，脊柱出现了第三个生理弯曲，即腰椎前突，这为以后上下楼梯、跑、跳等带有技巧性的动作发展奠定了基础。幼儿会走后就学习上下楼梯，开始是手脚并用地向上爬楼梯。随着上肢臂力的增加和身体协调能力的发展，幼儿开始学着用双手交替抓住栏杆一步一步地上楼梯。大约在 3 岁可以两脚交替地下楼梯。2 岁后，幼儿可以从单脚站逐渐学会单脚跳，学会在运动中发挥自己的力量和保持身体的平衡。3 岁左右的幼儿即可以用自己的力量进行简单的跑跳运动。

（二）婴幼儿精细动作

精细动作即手部小肌肉动作，主要是利用手和手指的小肌肉或小肌肉群进行活动，包括抓、握、扔、放、穿、嵌、拼、搭、捏、扣、画、撕等动作。精细动作的发展和感知觉、注意的发展有密切关系，尤其与视觉感知关系极为密切。视觉感知对手的精细动作的不断调整，使精细动作更加熟练，从而增强手眼的协调能力。

1. 抓握动作

抓握动作是幼儿精细动作的最早表现形式。幼儿在出生后 3 个月内表现为手的不随意、本能的抚弄动作。这时握持反射尚未消失，两手经常处于紧握状态。成人用物品触及婴儿手指关节时，婴儿的小手可以慢慢张开并将物品握在手中，这就是握持反射在起作用。婴儿在出生后三四个月时，开始挥动手臂，试图抓握眼前的玩具，但由于手眼不协调，不能准确地抓到眼前的玩具。婴儿从出生后五六个月开始具有双手协作的能力，如将一个玩具从一只手传递到另一只手，并可将两只手中的玩具对敲出声音来。在出生六七个月后，手指的灵活性和控制物品的能力开始发展。

2. 绘画和书写动作

绘画和书写动作是手部运用笔类工具进行活动的技能，对幼儿以后的学习有重要作用。随着手部小肌肉和手臂的发展，幼儿在出生后 18 个月左右开始握笔涂画。随着握笔动作的发展，绘画和书写能力也随之发展。幼儿握笔的能力有一个发展过程：开始握笔的姿势是用全手掌握笔；两三岁时，逐渐学会用拇指和其他四指握笔，握笔的部位从笔尖的远端移向近端，逐渐较为灵活地随意画画和书写；以后随着年龄的增长，可以进行较为规范的绘画。在绘画能力达到一定的水平之后，幼儿逐步掌握初步的书写技能。

二、婴幼儿动作发展的特点

（一）婴幼儿粗大动作发展特点

0~1 岁：满月的婴儿俯卧时能短暂抬头片刻。2 个月左右的婴儿被拉手腕坐起时头能保持短时竖直。3 个月左右的婴儿俯卧时能抬头 45°。4 个月左右的婴儿被扶住腋下可站立片刻。5 个月左右的婴儿被轻拉腕部即可坐起，但独坐时头身会向前倾倒。6 个月左右的婴儿能仰卧翻身。7 个月左右的婴儿会独坐。8 个月左右的婴儿能自如独坐。9 个月左右的婴儿能用手膝爬行。10 个月左右的婴儿能自己坐起。11 个月左右的婴儿能独自站立、扶物行走，但独站时间短。12 个月左右的婴儿能稳稳站立，搀着一只手能走。

1~2 岁：12~15 个月的幼儿能独立行走，能独立从坐转换至站立。16~18 个月的幼儿能进行抛物，但无法控制方向；19~24 个月的幼儿能用一只手扶着扶手上楼梯，双脚能够同时跳离地面。

2~3 岁：2~2.5 岁的幼儿能独自上下楼梯，能单腿做“金鸡独立”，可以不扶东西单脚站立 2 秒以上。能用脚尖比较自如地在一条线上走，拐弯的时候还能保持平衡不摔倒。3 岁左右的幼儿能立定跳远，能双脚交替跳跃。

（二）婴幼儿精细动作发展特点

0~1 岁：婴儿 1 个月左右时能够双手攥拳，被触碰时能够伸缩；2 个月左右时可以握住塞在手中的长柄物；3 个月左右时偶尔能够把手或手里的东西送到嘴里；4~5 个月时能够主动伸手够物；6~7 个月时可以利用尾三指及掌心抓握物体；8~9 个月时可以利用前三指抓握物件；10 个月左右时拇指与食指能够对捏，能利用拇指和食指去拾起比如面包屑等小物件。

1~2 岁：1~2 岁幼儿能全手握住笔在纸上留下笔道，能把部分小物件投入瓶中。15 个月左右时能够打开盒子，能倾斜瓶子倒出小物件，然后用手去捏。18 个月左右时可以用小线绳穿大珠子或大扣子孔，可以叠起 4 块积木不倒。21 个月左右时可以模仿画线条，但不够相似，可以叠起 8 块左右积木不倒。24 个月左右时可以一页一页地翻书，能转动门把手把门打开。

2~3 岁：27 个月左右时幼儿能够模仿画竖道，能独立穿扣子 3~5 个。33 个月左右时，幼儿能模仿画圆。36 个月左右时幼儿会拧螺丝，模仿画交叉线。

三、婴幼儿动作发展的规律

婴幼儿动作发展遵循以下规律。

（一）自上而下的规律

婴幼儿动作是从上到下发展起来的，即从头部动作开始，继而是躯干动作，然后是下肢动作及全身动作。婴幼儿最早发展的动作是抬头、转头，接着是翻身、翻滚和坐，最后是爬行、站立和行走。

（二）由近及远的规律

婴幼儿动作发展遵循由靠近躯干部位的动作发展到离躯干较远部位的动作的规律。上肢动作发展顺序：肩头—上臂—肘—前臂—手腕—手—手指。下肢动作发展顺序：大腿—膝盖—小腿—脚—脚趾。

（三）从无意到有意的规律

婴幼儿动作最初是无意识的，以后越来越多地受到心理的支配（有意动作的产生），并从以无意动作为主向以有意动作为主的方向发展。例如，婴儿会用手抓所碰到的任何物体，这是无意的、本能的动作（抓握反射，一种无条件反射）；但随着月龄的增加，婴儿逐渐能有意地、有目的地去抓物体。

（四）先正后反的规律

婴幼儿动作发展遵循正面的动作先发展、反面的动作后发展的规律。例如，幼儿先学会朝前走，后学会后退走；先学会抓握玩具，后学会放玩具；先学会上楼梯，后学会下楼梯；先学会从坐位站起来，后学会从站位坐下；等等。

（五）先大后小的规律

婴幼儿动作发展先从粗大动作开始，精细动作逐渐发展。例如，幼儿的抬头、翻身、站立、行走等粗大动作先发展，然后才是手部的精细动作发展。

（六）从整体到局部的规律

幼儿动作发展还遵循从整体动作发展到分化动作的规律，即最初的动作是全身性的、笼统的、散漫的，以后才逐步发展到局部的、准确的、专门的动作。婴幼儿前期以粗大动作为主，这些动作大多是全身性的，如婴儿约在出生后 3 个月能翻身，6 个月左右时能坐，8~9 个月时会爬，12 个月左右时能站等。同时，婴幼儿局部、专门的精细动作也在发展。尤其是手部动作的发展。从用手一把抓握、拇指与四指抓握、拇指与食指捏物到用手操作餐具、执笔画图、穿衣扣扣子等，精细动作水平逐渐提高。

0~3 岁婴幼儿粗大动作发展标准（参考）、精细动作发展标准（参考）分别见表 4-2、表 4-3。

表 4-2　0~3 岁婴幼儿粗大动作发展标准

月龄	发展特征
1 月龄	抬肩坐起头竖直片刻；俯卧头部翘动
2 月龄	拉腕坐起头竖直短时；俯卧头抬离床面
3 月龄	抱直头稳；俯卧抬头 45°

续表

月龄	发展特征
4 月龄	扶腋可站片刻；俯卧抬头 90°
5 月龄	轻拉腕部即坐起；独坐头身前倾
6 月龄	仰卧翻身；会拍桌子
7 月龄	悬垂落地姿势；独坐直
8 月龄	双手扶物可站立；独坐自如
9 月龄	拉双手会走；会爬
10 月龄	保护性支撑；自己坐起
11 月龄	独站片刻；扶物下蹲取物
12 月龄	独站稳；牵一手可走
18 月龄	扔球无方向
24 月龄	双足跳离地面
36 月龄	双脚交替跳

注：本表中的内容来自《0 岁~6 岁儿童发育行为评估量表》（WS/T 580—2017）。

表 4-3　0~3 岁婴幼儿精细动作发展标准（参考）

月龄	发展特征
1 月龄	触碰手掌紧握拳；手的自然状态
2 月龄	花铃棒留握片刻；拇指轻叩可分开
3 月龄	花铃棒留握 30 s；两手搭在一起
4 月龄	摇动并注视花铃棒；试图抓物
5 月龄	抓住近处玩具；玩手
6 月龄	会撕揉纸张；耙弄到桌上一积木
7 月龄	耙弄到小丸；自取一积木，再取另一块
8 月龄	拇他指捏小丸；试图取第三块积木
9 月龄	拇食指捏小丸；从杯中取出积木
10 月龄	拇食指动作熟练
11 月龄	积木放入杯中
12 月龄	全掌握笔留笔道；试把小丸投入小瓶
18 月龄	模仿画道道
24 月龄	穿过扣眼后拉线
36 月龄	模仿画交叉线；会拧螺丝

注：本表中的内容来自《0 岁~6 岁儿童发育行为评估量表》（WS/T 580—2017）。

任务二 掌握婴幼儿动作发展观察与记录的方法和步骤

任务描述

科学地观察和记录婴幼儿动作发展可以使我们更好地了解婴幼儿的动作发展水平，并据此了解其智力、心理等方面的综合发育情况，尤其是及时发现婴幼儿生长发育中的问题，如脑瘫患儿会出现身体发硬、剪刀脚、脚尖着地站立，4个月时拳头仍不能张开，4~5个月时手不能抓物等情况。在观察和记录中如果发现婴幼儿的动作表现及感知觉异常，应带婴幼儿及时就医，从而最大限度地控制病情，促进婴幼儿的康复。本任务需要小组合作学习，了解婴幼儿动作发展的价值，掌握婴幼儿动作发展观察与记录的原则、方法和步骤，并能在之后的实践中运用这些知识。

任务前导

扫码观看视频，并根据幼儿动作发展水平，分析视频和图片中的幼儿的年龄段。

知识点拨

一、婴幼儿动作发展的价值

(一) 动作发展是婴幼儿神经系统正常发育的重要标志

婴幼儿的神经系统发育与动作的发展有着密切关系，动作的产生、控制与调整都是在神经系统的统一控制下进行的。神经系统是机体内对生理功能活动起主导作用的系统，分为中枢神经系统和周围神经系统两大部分。

中枢神经系统对动作的调节和控制是在三个水平上进行的。脊髓是最基本的反射中枢，脑干是控制运动的第二神经中枢，大脑皮质是最高级的运动调节中枢。各个部分既具有各自的功能，又是相互关联、相互协调的。

周围神经系统的功能是将外周感受器和中枢神经系统连起来。感觉器官接受外界刺激，通过外周神经将信息传达到中枢神经系统，由中枢神经系统进行整合后，再将处理的信息或指令通过外周神经传达到相应的器官。当信息通过运动神经系统传达到肌肉时，肌肉就会产生收缩和舒张，配合骨骼、关节完成一系列的动作。

（二）动作发展可促进婴幼儿身体成长

要想让婴幼儿动作发展水平达到相应月龄的要求，就需要对婴幼儿进行一定的动作训练。婴幼儿在练习动作的过程中，其身体的各种机能都能得到一定程度的提高。

1. 新陈代谢系统与动作发展

新陈代谢是指机体与环境之间的物质和能量交换，以及生物体内物质和能量的自我更新过程，包括合成代谢（同化作用）和分解代谢（异化作用）。

首先，动作训练能促进体内组织和细胞对糖的摄取和利用，增加肝糖原和肌糖原储存，还能增强机体对糖代谢的调节能力。

其次，脂肪是人体中含量较多的能量物质，在体内氧化分解时释放的能量，约为同等量的糖或蛋白质释放的能量的两倍。长期坚持动作训练能增强机体对脂肪的动员能力，进而为人体从事各项活动提供更多的能量来源。

2. 心血管系统与动作发展

适当的运动有益于心脏健康。有规律的运动锻炼可以增强心脏功能，保持血流畅通，从而更好地供给心肌所需要的营养。动作训练可以增加婴幼儿血管的弹性，这对婴幼儿的健康发展是十分有益的。

3. 呼吸系统与动作发展

经常进行动作训练，特别是做一些伸展运动，可以使呼吸肌力量加强，胸廓扩大，有利于肺组织的生长发育和肺的扩张，使肺活量增加。适当的动作训练可以加强婴幼儿的呼吸力量，使其呼吸深度增加，有效地增强其肺的功能。

4. 动作系统与动作发展

坚持动作训练对骨骼、肌肉、关节和韧带都会产生良好的影响。经常运动可使肌肉保持正常的张力，并通过肌肉活动给骨组织以刺激，促进骨骼中钙的存储，促进骨骼生长，同时使关节保持较好的灵活性，韧带保持较佳的弹性，还可以增强动作系统的准确性和协调性，促进婴幼儿动作的发展，使其能有条不紊地完成各种复杂的动作。

（三）动作发展可促进婴幼儿心理发展

动作发展在婴幼儿心理发展中的意义一直是心理学研究的一个重要内容，也是学前教育、早期教育关注的重要内容。

1. 心理发展与动作发展密不可分

个体心理起源于动作。人对客观世界的最早认知来源于简单的感知觉，而感知觉来自动作。婴幼儿通过尝试发现新的动作方式，在实施动作的过程中获得对外界的最初认识。比如，当婴儿用手去触碰事物的动作产生时，婴儿才会有相应的对事物的温度、粗糙度、软硬度等的认识。

个体心理发展离不开动作。在心理发展初期，外显动作是婴幼儿认识世界的主要工具。随着婴幼儿与客观世界的互动增加，其动作不断丰富、复杂和熟练。2 岁左右的幼儿开始形成心理表征能力，即可以对自己的动作及客观事物进行内部表征，开始了心理的内化过程。在这个过程中，幼儿是通过动作组织来再现外界事物的特征和过去经验的。因此，动作是个体心理不断内化的基础，并为个体内化的心理活动提供丰富的素材。

2. 动作发展促进婴幼儿认知的发展

大量理论和实验证明，婴幼儿早期的动作发展与认知发展有着密切的联系。

首先，动作发展是婴幼儿早期认知发展的外在表现。婴儿最初的动作是无条件反射动作。为了适应外在环境，4~5 个月的婴儿在先天性非条件反射基础上，通过机体整合将个别动作连接起来形成新的动作，即使此时的动作还缺乏目的性。5~9 个月时，婴儿的动作渐渐有了目的性，手眼协调也在这一时期可以顺利实现。9~12 个月时，动作目的与方法之间开始协调，直到 18 个月左右，幼儿能够按照一定目的进行有意识的动作，并不断调整动作以解决新的问题。

其次，动作发展使婴幼儿的认知结构不断复杂化、高级化。动作首先可以为个体认知发展提供认知经验。随着婴幼儿动作的发展，婴幼儿能独立去到更多地方，接触更多事物，从而扩大其认知范围，进而丰富对事物的认知经验，使得自身认知结构不断改组和重建。比如，当婴幼儿依靠自己的力量移动身体时，他可以拿到自己想吃的东西、想玩的玩具，开始对更多的事物进行探索。婴幼儿认识和适应周围世界都是依赖感知觉与动作的互动经验。婴幼儿在自发的动作活动中形成准确的大小、形状、深度与方位等空间知觉。

随着动作不断复杂，婴幼儿的认知方式也发生了变化。动作发展不断为婴幼儿创造经历新问题、面临新挑战的情境，并使其在原有动作的基础上尝试新的更复杂、更灵活的动作。例如，当婴幼儿刚学会站立时，他会不断尝试从坐姿变为站姿。突然有一天，他发现他把双手放在凳子上，可以推着凳子行走。这一新情境的出现使他可以得出“我可以借助凳子行走了”这一结论。

3. 动作发展促进婴幼儿社会性发展

从发展心理学和儿童教育的角度来讲，社会性是个体为适应社会所表现出的心理与行为特征。作为一种心理特征，社会性主要包括社会认知、社会情感和社会行为三个方面。个体的社会性是在与周围环境的互动过程中发展起来的。在发展早期，动作成为婴幼儿与环境互动的重要中介。通过动作的发展，婴幼儿不断建构自己与环境的关系，也改变着自己与环境的互动模式。随着动作技能的日益成熟，婴幼儿越来越多地参与到更多的活动中，动作技能发展与社会性发展会产生交互作用。动作发展对促进婴幼儿个体自主性、独立性发展具有重要作用。一个动作发展水平较高的婴幼儿相比动作发展水平稍差的婴幼儿更容易产生较强的自我价值感。当婴幼儿在相应月龄段的动作发展能力较强时，其行为表现更为独立，同时自我效能感会得到增强，主动的社会交往行为会增多，从而促进其与同伴交往的信心和技能的发展。

研究发现，婴儿在会爬行之后，由于自我独立探索的范围扩大，开始发展与母亲交往的新形式，这恰恰促进了婴儿与母亲之外的其他人建立社会交往关系。当婴幼儿越来越多地感受到与社会中其他人交流的乐趣时，他参与活动的积极性会进一步提高，运动技能也会因此得到更多练习。婴幼儿的生活动作能力的训练可以培养其自理能力和自信的人生态度。动作训练可以培养婴幼儿合作、乐观、开朗的品格，还可以培养婴幼儿集中注意力等积极的意志品质。

二、婴幼儿动作发展观察与记录的原则

（一）全面性原则

婴幼儿动作发展观察与记录要从全局和整体出发，综合、全面地观察与记录婴幼儿动作发展的情况，既要注意大肌肉动作发展，也要注意小肌肉动作发展，还要考虑其他方面的综合发展及婴幼儿年龄、体重等因素，绝对不能以偏概全。如果仅以一方面发展的标准来衡量婴幼儿的整体动作发展情况，那么所谓结果既不真实也不可靠，同时会给婴幼儿的家长带来心理上的负面影响，从而影响其对婴幼儿的态度与期望，最终影响婴幼儿的发展。

（二）发展性原则

发展性原则有两层含义。第一，发展意味着每一个婴幼儿都是在不断发展的人。成人一定要用发展变化的眼光看待婴幼儿，在动态中认识婴幼儿的动作发展。有了这样的观念，成人就不会因为婴幼儿目前的不良动作发展而轻易判断其综合发育水平差。成人应根据婴幼儿动作发展情况，即婴幼儿的现有发展水平、个体身体素质及发展潜力等，制订具体可行的计划，提出改进建议，使婴幼儿在学习中不断进步发展。同时还要经常给予婴幼儿鼓励和赞赏，不要认为婴幼儿听不懂。婴幼儿可以逐渐从成人的眼神、肢体动作、语气中读懂一定信息。适当的鼓励和赞赏有利于增强婴幼儿的信心，促进婴幼儿的发展。第二，对婴幼儿的动作评价应以促进婴幼儿健康发展为前提。评价的方法要具有科学性、教育性，绝对不能以伤害婴幼儿为代价获得评价结果。

（三）客观性原则

作为评价对象的婴幼儿，其客观存在是不以评价者的主观意志为转移的。对婴幼儿的观察、分析、评价必须以婴幼儿实际发展为基础。成人绝不可因为个人感情、观点、立场、审美情趣等做主观臆断，要认真、严谨地运用科学的方法观察、评价婴幼儿，从而得出客观、真实的结果，否则会对婴幼儿本身产生不良作用，影响婴幼儿日后的发展。另外，对婴幼儿进行观察、记录与评价，最好由婴幼儿熟悉的人员进行，这样才不会影响婴幼儿的活动和表现，有利于得到比较客观的结果。

三、婴幼儿动作发展观察与记录的方法和步骤

（一）明确观察的内容和标准

婴幼儿动作发展观察与记录的内容主要有两个部分：大肌肉运动，包括头、颈、躯干、四肢的运动，具体动作有抬头、翻身、坐、走、跑、跳等；小肌肉运动，主要指手的活动。

（二）撰写观察提纲

为了有效地收集资料，观察者必须拟定观察提纲。观察提纲使观察目的具体化，体现可操作性。拟定观察提纲可以帮助观察者在现场进行观察的同时，提醒自己观察的重点是什么、有哪些注意事项、下一步应该观察什么、是否遗漏或忽视了哪些重要信息等。

婴幼儿行为的观察提纲包括观察婴幼儿的角色（婴幼儿行为发生时都有谁在场）、婴幼儿行为的表现（婴幼儿行为表现出怎样的特点，婴幼儿都表现出哪些行为）、婴幼儿行为开始和持续的时间（婴幼儿行为什么时候发生，婴幼儿行为持续了多久）、婴幼儿行为发生的地点（婴幼儿行为在哪里发生，这个地方有何特点）、婴幼儿行为事件过程（婴幼儿行为因何事而发生，事情的各个方面有何关联）、婴幼儿行为事件起因（婴幼儿为什么发生既定行为）等。

（三）选择观察与记录的方法

记录贯穿于观察的全过程。记录的内容包括观察者、观察时间、观察地点、观察对象（性别、年龄）、观察实录、观察分析和措施反思等。客观、详尽地记录是还原现场情况、形成正确结论的重要环节。观察者需根据观察目的、观察对象自身的特点，以及观察者对记录方式的熟悉程度选择合适的观察与记录方式。

（四）仔细观察

根据实际情况，观察者应对婴幼儿动作发展情况进行详细观察，为后续对婴幼儿行为的分析工作打下基础。

（五）客观记录

观察者在记录内容时，务必确保客观性，切勿掺杂个人的主观情绪色彩，以免影响评价的准确性，对婴幼儿产生不良影响。

托育课堂

观察记录：

在今天的区域活动中，丫丫带来了新图书。正当她坐在图书角看书时，果果走过去抢丫丫的图书。因丫丫抓住图书不放，果果就在丫丫的脸上咬了一口，抢到了图书，觉得阴谋得逞似的特别高兴。

一会儿果果跑到“娃娃家”，说：“我今天要当爸爸。”这时，果果发现妞妞和小美为了争做妈妈这个角色互不相让，于是他说：“你们用石头剪刀布，谁赢谁就当妈妈。”妞妞输了，但她不认输，要再比一次。果果一步上前去抢妞妞手中代表妈妈的头饰。妞妞不给他，他就用力一推，将妞妞推倒在地，并把头饰递给了小美。

在今天的集体活动中，果果坐在最后一排。老师引导幼儿观察图片后，让他们自由讨论。在自由讨论时，果果拉拉前面小朋友的头发，见前面的小朋友没理他，就去抓旁边小朋友的衣领，并伸腿踢她的椅子。

观察记录存在的问题：

每个观察者都有自己的背景、经历、兴趣和价值观等。在选择记录内容时，每个人的选择可能会有所不同。在观察实践中，不少观察者经常使用带有强烈感情色彩的主观臆测语言，如伤心、悲哀、愤怒、害羞、自私、固执、懒惰等。在对果果的观察记录中，教师写了“觉得阴谋得逞似的特别高兴”，这就是专横地对幼儿提前做出判断，可能影响教师在教学活动中对幼儿采取的措施。

任务三 实训操作——观察与记录 0~3 岁婴幼儿粗大动作的发展

任务描述

粗大动作是个体适应、实现自身发展的必需条件。就粗大动作发展过程而言，个体先后具备的自主控制动作是抬头、翻身、坐、爬、立、行走、跳等。其中头颈和躯干控制的动作是较早出现的自主动作，也是更复杂动作发展的基础。1~3 岁幼儿粗大动作的发展主要是协调、平衡等运动技能的进一步提高。本任务需要小组结合在任务一和任务二中所学内容，在真实情境中实践技能。

实训内容

子任务一：观察与记录 0~1 岁婴儿的抬头行为

观察内容

满月的婴儿俯卧时能短暂抬头片刻；3 个月左右的婴儿呈俯卧位时可抬头 45°，左右转动头；4 个月左右的婴儿呈俯卧位时可抬头 90°，头竖直。

请扫描右侧二维码观看视频，观察该婴儿抬头发展情况。

小组讨论

1. 小组根据讨论情况，填写观察提纲表（表 4-4）。

提纲依据：

① 观察婴幼儿的角色（婴幼儿行为发生时都有谁在场）。

② 观察婴幼儿行为的表现（婴幼儿行为表现出怎样的特点，婴幼儿都表现出哪些行为）。

③ 观察婴幼儿行为开始和持续的时间（婴幼儿行为什么时候发生，婴幼儿行为持续了多久）。

④ 观察婴幼儿行为发生的地点（婴幼儿行为在哪里发生，这个地方有何特点）。

⑤ 观察婴幼儿行为事件过程（婴幼儿行为因何事而发生，事情的各个方面有何关联）。

⑥ 观察婴幼儿行为事件起因（婴幼儿为什么发生既定行为）。

表 4-4　观察提纲表

组名	
小组成员	
观察提纲记录	

2. 小组根据实际观察情况，填写观察情况记录表（表 4-5）。

表 4-5　观察情况记录表

组名			
小组成员			
观察对象			
性别		年龄	
观察时间		观察地点	
观察目标			
观察记录			

子任务二：观察与记录 1~2 岁幼儿的独立行走行为

观察内容

13 个月的乐乐坐在地板上，身边散落着几个他喜欢的玩具。他先是好奇地注视着前方不远处的一个毛球，然后尝试用手去够它。由于距离稍远，他无法直接拿到毛球。他将双手放在地板上，身体微微前倾，做出要站起来的姿势。他尝试用小腿蹬地，但第一次没有成功，身体晃动了一下又坐回到地板上。他再次站起来。这次，他更用力地蹬地，并且双手也更有力地支撑在地面上。经过几次尝试，他站了起来。站稳后，他注视着毛球，迈出第一步。他的步伐还不稳，身体摇摇晃晃的，但他依然向前走。每当身体快要失去平衡时，他都会迅速伸出小手扶住身边的家具或玩具，然后再次尝试行走。经过几次尝试和调整，乐乐终于走到了毛球前。他弯下腰，拿起毛球，脸上露出了笑容。

小组讨论

1. 乐乐的粗大动作发展水平如何？

小组根据讨论情况，填写讨论记录表（表 4-6）。

表 4-6　讨论记录表

组名			
小组成员			
讨论主题			
讨论时间		记录人	
讨论过程记录			
结论			

2. 请结合材料，设计适合乐乐粗大动作发展的活动方案（表 4-7）。

表 4-7　粗大动作发展活动设计表

活动名称	
活动目标	
活动准备	
活动过程	

子任务三：观察与记录 2~3 岁幼儿的平衡能力

观察内容

托育机构的李老师发来邀请，请同学们设计一个训练幼儿平衡能力的动作发展活动，并到园实际观察幼儿平衡能力的发展水平。

小组讨论

1. 小组根据讨论情况，填写平衡动作发展活动设计表（表 4-8）。

表 4-8 平衡动作发展活动设计表

活动名称	
活动目标	
活动准备	
活动过程	

2. 小组合作，采用事件取样法记录幼儿平衡动作发展情况，并填写平衡动作发展活动观察表（表 4-9）。

表 4-9　平衡动作发展活动观察表

<table>
<tr><td colspan="3">姓名：　　　　年龄：　　　　时间：　　　　观察者：</td></tr>
<tr><td>观察时间</td><td colspan="2"></td></tr>
<tr><td>观察地点</td><td colspan="2"></td></tr>
<tr><td>观察目标</td><td colspan="2"></td></tr>
<tr><td>持续时间</td><td>发生背景</td><td>事件描述</td></tr>
<tr><td></td><td></td><td></td></tr>
<tr><td></td><td></td><td></td></tr>
<tr><td></td><td></td><td></td></tr>
<tr><td></td><td></td><td></td></tr>
<tr><td></td><td></td><td></td></tr>
<tr><td></td><td></td><td></td></tr>
<tr><td></td><td></td><td></td></tr>
<tr><td></td><td></td><td></td></tr>
<tr><td></td><td></td><td></td></tr>
<tr><td></td><td></td><td></td></tr>
<tr><td></td><td></td><td></td></tr>
<tr><td></td><td></td><td></td></tr>
</table>

任务四 实训操作——观察与记录 0~3 岁婴幼儿精细动作的发展

任务描述

手部的精细动作主要是指个体手部小肌肉或小肌肉群的运动。“心灵手巧”这句俗话其实蕴含着非常深刻的科学道理。生理学家研究发现，身体哪一部位的活动越精细，越复杂，那么，它在大脑皮质上所占的区域也就越大。从大脑皮质的机能定位来看，手指活动占据的区域是最大的，因为手的活动是最精细、最复杂的。本任务需要小组结合在任务一和任务二中所学内容，在真实情境中实践技能。

实训内容

子任务一：观察与记录 0~1 岁婴儿的抓握动作

观察内容

请扫描右侧二维码观看视频，观察该婴儿精细动作发展情况。

小组讨论

1. 小组根据实际观察情况，填写观察情况记录表（表 4-10）。

表 4-10 观察情况记录表

组名			
小组成员			
观察对象			
性别		年龄	
观察时间			

续表

观察目标	
观察记录	

2. 小组根据婴儿动作发展水平，提出相应的婴儿动作发展指导建议（表 4-11）。

表 4-11　讨论记录表

组名	
小组成员	
主题	
观察内容（缘由）	
指导要点	

子任务二：观察与记录1~2岁幼儿的搭积木动作

观察内容

15个月的小朵非常喜欢搭积木，但是小朵的妈妈观察到小朵在搭积木的时候，一直都只能平放积木，无法堆叠积木。妈妈尝试引导小朵叠放积木，但是小朵总是失败，无法独立完成。因此，小朵的妈妈在家园社平台中发布了困惑问题。

请同学们帮助小朵的妈妈，为小朵设计一个精细动作发展活动，并撰写一份观察提纲，以便后续跟进了解小朵的动作发展水平。

小组讨论

1. 小组根据讨论情况，填写精细动作活动设计表（表4-12）。

表4-12　精细动作活动设计表

活动名称	
活动目标	
活动准备	
活动过程	

2. 小组根据讨论情况，填写观察提纲表（表 4-13）。

提纲依据：

① 观察婴幼儿的角色（婴幼儿行为发生时都有谁在场）。

② 观察婴幼儿行为的表现（婴幼儿行为表现出怎样的特点，婴幼儿都表现出哪些行为）。

③ 观察婴幼儿行为开始和持续的时间（婴幼儿行为什么时候发生，婴幼儿行为持续了多久）。

④ 观察婴幼儿行为发生的地点（婴幼儿行为在哪里发生，这个地方有何特点）。

⑤ 观察婴幼儿行为事件过程（婴幼儿行为因何事而发生，事情的各个方面有何关联）。

⑥ 观察婴幼儿行为事件起因（婴幼儿为什么发生既定行为）。

表 4-13 观察提纲表

组名	
小组成员	
观察提纲记录	

子任务三：观察与记录 2~3 岁幼儿的折纸动作

观察内容

25~36 月龄的幼儿手眼协调水平稳步提升，其中 33~36 月龄的幼儿能模仿将纸张进行对折，并做到纸边相对整齐。

西西已经 34 个月了。请扫描右侧二维码观看视频，观察西西折纸的精细动作发展情况。

小组讨论

1. 小组根据实际观察情况，填写观察情况记录表（表 4-14）。

表 4-14　观察情况记录表

组名			
小组成员			
观察对象			
性别		年龄	
观察时间			
观察目标			
观察记录			

2. 小组根据西西的精细动作发展情况，为家长提供一些指导建议，并填入表 4-15 中。

表 4-15　讨论记录表

组名	
小组成员	
主题	
观察内容（缘由）	
指导建议	

项目小结

通过本项目的学习，学生能掌握婴幼儿动作发展的特点、规律，能够按照规范步骤对婴幼儿动作发展进行观察与记录，能够前往校企合作单位完成对各年龄段婴幼儿动作发展的观察与记录，并且能够独立完成或协助其他教师完成各年龄段婴幼儿动作的训练活动。

小试牛刀

1. 托育园实践运用：观察并记录婴幼儿早操情况。

要求：前往校企合作单位或实训基地，在托育导师的指导下，选择合适的观察记录方法，任选一名婴幼儿，观察并记录该婴幼儿动作发展情况。

2. 托育园实践运用：观察并记录婴幼儿跳跃水平。

要求：前往校企合作单位或实训基地，在托育导师的指导下，采用行为检核法，观察托育园任一班级中所有幼儿跳跃水平发展情况。

项目练习

一、填空题

1. 婴幼儿动作的类型：____________________，____________________。

2. 婴幼儿动作发展的规律之一是先大后小的规律，即动作发展先从____________________开始，然后____________________逐渐发展。

二、判断题

1. 婴幼儿精细动作的发展完全独立于粗大动作的发展。(　　)

2. 观察与记录婴幼儿动作时，主观臆断不会影响记录的准确性。(　　)

3. 婴幼儿动作发展与婴幼儿心理发展密切相关。(　　)

4. 婴幼儿动作发展的规律包括从无意到有意的规律。(　　)

三、多选题

1. 婴幼儿动作发展遵循的规律包括（　　）。

A. 自上而下的规律

B. 由近及远的规律

C. 从有意到无意的规律

D. 先正后反的规律

E. 先大后小的规律

2. 婴幼儿动作发展对心理发展的促进作用主要体现在（　　）。

A. 动作发展是婴幼儿早期认知发展的外在表现

B. 动作发展使婴幼儿的认知结构不断复杂化、高级化

C. 动作发展促进婴幼儿社会性发展

D. 动作发展有助于婴幼儿形成良好的生活习惯

E. 动作发展对婴幼儿的心理发展没有显著影响

四、简答题

1. 简述婴幼儿动作发展的规律。

2. 简述婴幼儿精细动作发展的特点。

3. 简述婴幼儿动作发展观察与记录的步骤。

五、案例题

明明今年 3 岁了，李老师在观察明明的精细动作发展时记录了以下内容：

明明拿起剪刀时，右手拇指和食指能够稳定地握住剪刀的手柄，中指轻轻抵住剪刀背部提供支撑，显示出较强的抓握稳定性。在涂色过程中，他能够用右手三指（拇指、食指、中指）稳定地握住蜡笔，并控制蜡笔在纸面上均匀涂色，未出现明显的晃动或偏移。

请说一说，明明的精细动作发展水平怎么样？为什么？

项目五

观察与记录婴幼儿认知的发展

学习目标

1. 理解婴幼儿认知发展的特点和规律。
2. 掌握婴幼儿认知发展观察与记录的原则、方法和步骤。
3. 能够根据婴幼儿的认知表现分析婴幼儿的认知发展水平。
4. 能够根据婴幼儿的认知发展水平设计和组织活动。
5. 树立科学的儿童观、评价观。

学习导图

- 项目五　观察与记录婴幼儿认知的发展
  - 任务一　理解婴幼儿认知发展的特点和规律
    - 一、婴幼儿感觉发展的特点和规律
    - 二、婴幼儿知觉发展的特点和规律
    - 三、婴幼儿注意发展的特点和规律
    - 四、婴幼儿记忆发展的特点和规律
    - 五、婴幼儿思维发展的特点和规律
  - 任务二　掌握婴幼儿认知发展观察与记录的方法和步骤
    - 一、婴幼儿认知发展观察与记录的内涵
    - 二、婴幼儿认知发展观察与记录的意义
    - 三、婴幼儿认知发展观察与记录的原则
    - 四、婴幼儿认知发展观察与记录的方法
    - 五、婴幼儿认知发展观察、记录与评价的步骤
  - 任务三　实训操作——观察与记录0～3岁婴幼儿注意的发展
    - 子任务一：观察与记录0～1岁婴儿注意的发展
    - 子任务二：观察与记录1～2岁幼儿注意的发展
    - 子任务三：观察与记录2～3岁幼儿注意的发展
  - 任务四　实训操作——观察与记录0～3岁婴幼儿记忆的发展
    - 子任务一：观察与记录0～1岁婴儿记忆的发展
    - 子任务二：观察与记录1～2岁幼儿记忆的发展

学习准备

1. 建立学习小组

4~6 人组成一个学习小组，并为学习小组起个有意义的组名。小组合作学习不仅可以帮助成员在思维的碰撞中丰富知识、拓展能力，也有助于成员增强合作学习的能力，更好地完成学习任务。

2. 学习小组分工

在小组合作学习中，每个小组成员都应发挥自己的作用，并通过合作共同完成学习任务。请按照学习内容或在小组中承担的任务进行学习小组分工，并填写学习小组分工表（表 5-1）。

表 5-1　学习小组分工表

组名			
组员姓名	具体分工	组员姓名	具体分工

任务一　理解婴幼儿认知发展的特点和规律

任务描述

婴幼儿的认知发展是个体早期心理发展的重要组成部分，也是衡量个体神经系统及大脑发育水平的重要指标。0~3 岁是大脑发育的黄金时期，也是个体认知发展最为迅速的时期。对 0~3 岁婴幼儿的认知发展进行观察、记录与评价，有助于保教工作者了解婴幼儿发展的优势与劣势领域，进而提供有针对性的指导；有助于研究者进一步探索婴幼儿发展的规律；同时有助于临床工作者鉴别婴幼儿的发育状况，以便采取必要的措施促进有发展障碍婴幼儿的健康成长。本任务需要小组合作学习，掌握婴幼儿认知发展的概念、特点和规律，并能在之后的实践中运用这些知识。

任务前导

皮亚杰曾对不同月龄的婴儿进行客体的永久性实验。首先测试了出生不久的婴儿，在他面前摆放一只玩具小兔，发现婴儿对它很感兴趣，用手触摸它。在婴儿玩得高兴的时候，把小兔用白纸挡住，观察婴儿的反应。结果婴儿发现玩具不见了，并没有掀开白纸去寻找小兔。接下来，皮亚杰又测试了月龄稍大一些的婴儿，将玩具摆在婴儿的面前，让婴儿知道玩具的存在。随后，用一块布把玩具遮挡起来，看婴儿的反应。这时，婴儿已经知道玩具在布的后面，于是很快就找到了玩具。

分析：案例中婴儿的认知有什么特点，包含哪些内容？

知识点拨

认知是指通过思维、经验和感知获得知识和理解的心理活动或过程。与获知、理解有关的心理活动或过程均可归入认知范畴。例如，在出生不久的婴儿面前摆放一只玩具小兔，婴儿对它很感兴趣，用手触碰它，就说明婴儿感知到了玩具小兔的存在，也说明婴儿达到了一定的认知水平。

婴幼儿的认知包括感觉、知觉、注意、记忆、思维等过程。

感知觉是人生中最早出现的认知过程。在婴幼儿早期的认知活动中，感知觉占主导地位，是婴幼儿探索世界、认识自我过程的第一步，是以后各种心理活动产生和发展的基础，记忆、思维、想象等心理活动都是在直接或间接的感知觉基础上产生和发展起来的。

感知觉主要包括视觉、听觉、触觉、嗅觉、味觉、平衡觉等感觉，以及空间知觉、时间知觉和运动知觉等知觉。

一、婴幼儿感觉发展的特点和规律

0~3 岁婴幼儿的感觉发展有何特点和规律呢？下面从 0~3 岁婴幼儿认识世界的主要感觉通道来

做简要介绍。

（一）视觉

1. 视觉的发生

新生儿即具备一定的视觉分辨和视觉记忆能力。他们对长时间观察的物体的观察时间会逐渐缩短，当新的物体出现时，他们注意的时间又会延长。有研究甚至发现4个月左右的胎儿已经能够对照射在母亲肚子上的强光做出视觉反应了。

2. 视觉集中能力的发展

由于眼肌协调能力差，出生2~3周内，婴儿很难将视觉焦点保持在客体上。这个时候，常可以看到婴儿两眼不协调的运动，如两只眼分别向右和向左，或是相互靠近（俗称“斗鸡眼”）。之后婴儿开始能够将视线集中在物体上，但集中的时间较短。3~5周的婴儿能对距离1~1.5米的物体注视5秒左右，3个月左右的婴儿能对距离4~7米的物体注视7~10分钟，5~6个月的婴儿已经能够注视距离相当远的物体了，如天上的飞机。

3. 视敏度的发展

视敏度即我们常说的“视力”，是指眼睛精确地辨别细小物体或一定距离以外物体细微部分的能力。

研究显示，一个月以内的新生儿的视敏度范围是20/200到20/600，即正常成人相距200~600英尺（1英尺=0.3048米）能看清的细节，一个月以内的新生儿要在20英尺处才能看见。新生儿的最佳注视距离为15~20厘米。出生1个月后婴儿的视敏度快速发展，6个月时已经达到20/100，因此，出生后半年是婴幼儿视敏度发展的关键期。

4. 颜色视觉的发展

颜色视觉是指辨别颜色细微差异的能力，也称变色力。

3个月左右的婴儿已经能够进行三色视觉辨别，具备了分辨各种颜色的能力，4个月左右时婴儿的颜色感知能力已经接近成人水平。

2岁左右的婴幼儿已经能认识一些颜色，认识红、黄、蓝等颜色要比认识混合色（紫色）和近似色（深蓝或浅蓝）更容易。

3岁的幼儿能认清基本颜色，但对各种颜色的色度难以辨别，如蓝和天蓝、绿和草绿。婴幼儿在颜色视觉习得过程中，一般先认识和分辨颜色，然后才掌握颜色的名称。3岁的幼儿开始能说出一些颜色的名称。

（二）听觉

1. 听觉的发生

新生儿的听觉系统已经基本成熟，他们能够对声音产生反应。他们对声音的反应主要表现为惊跳反射。例如，当突然听到较大的声音时，新生儿会产生四肢伸展、双手紧握、闭眼或者哭闹等反应。新生儿对声音的定位能力还比较弱。他们主要通过声音的强度和频率来感知声音。一般来说，新生儿对高频率的声音比较敏感。

2. 听觉敏锐度

新生儿的听觉敏锐度较差，对较弱的声音不敏感。刚能引起新生儿听觉的声音刺激比刚能引起成人听觉的声音刺激一般高10~20分贝，有时甚至高40~50分贝。在刚出生的几小时，新生儿的听力跟成人感冒时的水平差不多。随着月龄的增长，婴幼儿的听力水平逐渐提高。

3. 听觉偏好

婴幼儿对语音和音乐的偏爱具有先天性。研究发现：1~2 个月的婴儿似乎已经偏爱音乐（规律和谐的声音）而不喜欢噪声（杂乱无章的声音）；2 个月以上的婴儿更喜欢优美舒缓的音乐，而不喜欢强烈紧张的音乐；7~8 个月的婴儿已经会合着音乐的节拍而舞动四肢和身体。婴幼儿喜欢听说话的声音，尤其喜欢听母亲说话的声音。即使是出生只有 3 天的新生儿，也能表现出对母亲声音的偏好。婴幼儿喜欢安详、愉快、柔和的语调，对生硬、呆板、严厉的声音则会表现出烦躁、不安的情绪。

（三）触觉

触觉是人体的一种重要感觉。人体通过皮肤中的感受器来感受外界的刺激，包括压力、温度、疼痛等多种信息。婴幼儿的触觉发展是其感知能力形成的重要基础。例如，婴儿触觉最灵敏的部位为唇、舌、耳朵及前额，他们靠着唇部敏锐的触觉搜寻奶嘴或乳头，以获取口腹的满足，并产生舒适、放松的情绪。婴幼儿的手脚对触觉刺激也很敏感，比如他们可借着双手到处搜索、操弄玩具，以了解物质的温度、湿度、硬度、软硬度等。

（四）嗅觉和味觉

嗅觉是一种感觉。人通过鼻腔中的嗅觉感受器来感知气味。气味进入鼻腔，嗅觉感受器受到刺激后就会产生神经冲动。神经冲动通过嗅觉神经传导到大脑的嗅觉中枢。经过大脑的分析，人就能够辨别出不同的气味，如花香、果香、饭菜香等。在嗅觉方面，新生儿的嗅觉已经比较灵敏。他们可以通过嗅觉来辨认母亲，因为母亲的乳汁等味道是他们熟悉的。随着月龄的增长，婴幼儿能辨别不同的气味，如花香、食物香等，会对有香味的玩具表现出兴趣。

人的味觉感受器是味蕾，主要分布在舌头的表面。食物或其他物质进入口腔时，味蕾就会受到刺激，将信息通过神经纤维传递到大脑的味觉中枢，从而让人感知到酸、甜、苦、辣、咸这些味道。例如，糖会让人感觉到甜，柠檬会给人带来酸的味觉体验。在味觉方面，新生儿偏爱甜味，对苦、酸等味道会有排斥反应。这是一种本能，因为母乳或配方奶是略带甜味的。随着月龄的增长，婴幼儿的食物逐渐多样化，他们开始接触多种味道，味觉体验逐渐丰富，会慢慢习惯并接受酸、咸等味道。

（五）平衡觉

平衡觉又称静觉，是人类内部感觉的一种。平衡觉的功能是帮助人体维持身体的平衡和稳定。平衡觉对婴幼儿的发展非常重要。通过站立、坐、蹲等动作的训练，婴幼儿的平衡觉逐渐发展，从而增强身体的协调性，也能促进内心的稳定。如果婴幼儿的平衡觉发展不良，则可能导致心理障碍或今后学习困难。

二、婴幼儿知觉发展的特点和规律

知觉是在感觉的基础上产生的，它是人脑对直接作用于感官的客观事物各种属性的综合反映，受过去经验、需要、动机、兴趣、情绪和态度等因素的影响。

（一）空间知觉的发展

空间知觉是指人脑对物体空间特征的反映，它包括形状知觉、大小知觉、方位知觉和距离知觉。

1. 形状知觉的发展

0~2 个月的婴儿容易关注运动变化的图案；偏爱对比鲜明（黑、白）的图案；更喜爱中等复杂的图案；更偏爱人脸的图案；更关注图形的局部特征（如三角形的角），而不是图形整体；更关注图案边缘，而不是图案内部；更偏爱有一定意义的成形图案。

2个月以后的婴儿更喜欢复杂的和轮廓密度大的图形；喜欢曲线和弧线多于直线；喜欢同心圆多于非同心圆；喜欢立体图形多于平面图形；更关注新奇的图形、不规则的图形；喜欢对称的图形多于不对称的图形；开始从注意图形局部向注意图形整体发展，从注意图形轮廓向注意图形内部发展。

婴儿在3个月左右时已有了分辨简单形状的能力，在8~9个月时能够具备形状恒常性。3岁左右的幼儿能够掌握一些简单的几何图形，如圆形、正方形、三角形等，主要表现在对形状的匹配能力上，但正确说出几何图形名称的能力较差，他们往往会用自己熟悉的物体名称代替几何图形的名称。

2. 大小知觉的发展

大小知觉是对物体的长度、面积、体积在量方面的变化的反映。研究发现，6个月前的婴儿已经能辨别大小。婴儿已具备有限的大小恒常性，即当物体由于距离远近在视网膜上的映像大小发生变化时，婴儿对客体本身大小的知觉基本不会受影响。2.5~3岁的幼儿可以根据成人的语言指示拿出大皮球或小皮球。3岁后幼儿判断大小的精确度有所提高。2.5~3岁是幼儿判别平面图形大小能力快速发展的阶段。

3. 方位知觉的发展

方位知觉是对自身或物体所处空间位置的反映，如对上下、左右、前后的知觉。有研究证明，婴儿出生后就有靠听觉定位的能力，会将头转向声音传来的方向。幼儿方位知觉的发展遵循的顺序是上下—前后—左右。一般认为，3岁的幼儿能辨别上下，到4岁和5岁时才能分别辨别前后和左右。适当的早期教育可以对婴幼儿方位知觉的发展起到促进作用。

4. 距离知觉的发展

距离知觉是对同一物体的凹凸程度或不同物体的远近程度的反映。立体知觉和深度知觉都属于距离知觉。有研究者通过设计视觉逼近实验来探讨婴幼儿何时具备距离知觉。

视觉逼近实验是向婴幼儿呈现一个以一定速度向其逐渐逼近的物体或影像，观察婴幼儿是否有闭眼、后仰等防御性反应。实验发现：0~1个月的新生儿已对逼近物有初步反应；2~3个月的婴儿对逼近物有保护性闭眼反应；4~6个月的婴儿对逼近物有躲避反应。实验结果说明，婴儿有一定的距离知觉。

（二）时间知觉的发展

婴儿刚出生时对时间的感知是无意识的、不自觉的。婴儿主要依据其内部生理状态的变化产生时间知觉，比如到点就想要吃奶，到点就想要睡觉。2岁左右的幼儿会模仿成人说一些表示时间的词，但对时间词的意义不大理解。3岁左右的幼儿开始形成初步的时间概念，但这多与他们具体的生活事件相联系。

（三）运动知觉的发展

运动知觉是人对物体的空间位移、移动速度及人体自身运动状态的反映。

0~1岁这一阶段是运动知觉的萌芽期。新生儿出生后，便开始通过身体的本能动作感知运动，比如出生不久的婴儿会有踏步反射，这是他们最初对自身腿部运动的一种体验。在2~3个月时，婴儿能够追视移动的物体，这是视觉与运动知觉协调发展的开始，他们的眼球能跟随缓慢移动的物体转动，感知物体的移动轨迹。之后，婴儿开始学习翻身、坐立，这使他们对自身身体在空间中的位置变化有了更深刻的感知，也逐渐意识到自身动作与周围环境的关系。在8~12个月时，婴儿逐渐学会爬行、站立和扶走。在这个过程中，他们对运动速度和方向的感知能力不断增强，比如在爬行时能根据障碍物调整方向。

1~2岁幼儿的大肌肉动作逐渐发展，运动知觉也进一步发展。他们开始独立行走，从最初的蹒跚学步到逐渐走得稳当、快速。在这个过程中，他们对自身运动的控制能力不断增强，能更好地感知身体在空间中的位置和移动状态。同时，幼儿也开始尝试跑、跳等动作。这些动作让他们对运动速度和力量的感知更加敏锐。比如在跑步时他们能感受到速度的变化，在跳跃时能体会到用力的大小与跳跃距离的关系，等等。此外，这个阶段的幼儿手部的精细动作也在发展，他们开始尝试自己抓握物品、操弄玩具。这使他们对物体的大小、形状和重量有了更直观的感受。

2~3岁幼儿的运动技能更加熟练，运动知觉也更加精确。他们的跑步能力有所增强，能够灵活地转弯、躲避障碍物。这表明他们对空间位置和运动轨迹的判断更加准确。在跳跃方面，幼儿能双脚跳得更高、更远，并且开始尝试单脚跳。这需要他们对身体的平衡和运动力量有更好的控制和感知。在手部精细动作上，幼儿能够完成一些更复杂的任务，如用笔画简单的线条、搭积木等。这体现了他们对手部精细动作的精确控制和对物体形状、空间关系的进一步理解。

三、婴幼儿注意发展的特点和规律

注意是心理活动对一定对象的指向与集中。根据注意时是否有目的，以及是否需要意志的努力，注意可分为无意注意和有意注意。

（一）无意注意的发展

新生儿即有一定的表现注意的能力。当听到巨大的声响时，正在吃奶的新生儿会暂停吸吮；明亮的物体会引起其视线的片刻停留。新生儿的这种反应被称为无条件定向反射，是无意注意发生的标志。

1个月左右的婴儿开始对不同的刺激物表现出不同的选择性反应，出现感觉偏好。例如，他们会更多关注出现在眼前的母亲的脸、色彩鲜艳的物体、活动的事物等。但他们的这种选择性反应是无意识的、被动的。

1~3个月的婴儿无意注意的发展主要体现在其感觉偏好的发展特点上。偏好复杂的刺激物；喜欢曲线多于直线；喜欢不规则图形多于规则图形；喜欢轮廓密度大的图形多于轮廓密度小的图形；喜欢具有同一中心的刺激物多于无同心的刺激物；喜欢对称的刺激物多于不对称的刺激物。

3~6个月的婴儿无意注意的发展特点主要体现在以下几个方面。

一是头部运动自控能力逐渐加强，同时双手的触摸和抓取能力更加精细和稳定，婴儿获取可注意的信息的能力得到发展。

二是婴儿的视觉注意进一步发展，视觉搜索的平均时间变短，婴儿更加偏好复杂的和有意义的视觉图像。

三是由于对外部世界的好奇心增强，主动探索和学习的内驱力增强，婴儿会更积极地寻求可能引发无意注意的事物。

四是随着对物体的观察和操作能力的发展，婴儿注意的品质有所提高。

五是婴儿的知识基础和生活经验不断丰富，其注意愈来愈受到其知识和经验的影响。

6~12个月的婴儿清醒的时间增加，有更多的时间去探索各种外部事物，获得新信息的机会随之增多。6 个月以后，婴儿对熟悉的事物更加注意。这在社会性方面表现得更明显，婴儿开始特别注意母亲。

1~3 岁幼儿无意注意发展的主要特点有：

首先，注意的发展开始受到表象的影响。当看到的事物和大脑中已有的表象之间出现矛盾或差距较大时，幼儿会产生最大的注意。

其次，注意的稳定性提高，2. 5~3 岁的幼儿最多能集中注意 20~30 分钟。注意开始受到言语的支配。注意对象增多，范围变广。幼儿开始能够注意到自己的内部状态，也开始注意周围人的活动。

再次，注意转移和分配能力有了较大发展，但还不成熟，这与其大脑神经系统抑制能力和第二信号系统的发展密切相关。

（二）有意注意的发展

有意注意是指有预定目的、需要一定意志努力的注意。有意注意是一种积极、主动的注意，它往往与一定的任务和目的相联系，并且受人的意识自觉调节和支配。

有意注意是由脑的高级部位，特别是额叶控制的。额叶的发展比脑的其他部位迟缓。0~3 岁婴幼儿的额叶发育尚不充分，其注意仍以无意注意为主。但随着幼儿大脑的发育和自我控制能力的发展，幼儿的有意注意也开始萌芽，并逐步发展。

一般认为近 3 岁时幼儿才开始出现真正的有意注意。注意总是和感觉、知觉、记忆、思维、想象同时发生。一个人没有良好的注意品质，他的感觉、知觉、记忆、想象和思维能力的发展会受阻。

注意是婴幼儿认识世界的第一道大门，是发展感觉、记忆、思维等不可或缺的先决条件。一般来说，婴幼儿注意品质好，学习效果就好，能力增强也快。3 岁之前婴幼儿注意的发展是非常迅速的。成人要根据婴幼儿注意发展的特点提供适合的环境刺激，促进婴幼儿注意的发展，从而促进其大脑发育，让婴幼儿的学习更有效。

四、婴幼儿记忆发展的特点和规律

（一）记忆保持时间逐渐延长

虽然不同研究者采用不同的研究材料和研究方法所得出的 0~3 岁婴幼儿的记忆保持时间并不完全相同，但这些研究都揭示了一个共同的规律：0~3 岁婴幼儿记忆的保持时间随着年龄的增长在逐渐延长。

（二）记忆容量不断扩大

0~3 岁婴幼儿的记忆容量随着年龄增长不断扩大。13 个月左右的幼儿能完成由 3 个简单动作组成的系列活动的再现；24 个月左右的幼儿能够记住约 5 个动作的顺序；30 个月左右的幼儿已经可以记住 8 个不同动作的顺序。

（三）语词记忆逐渐发展

2 岁前婴幼儿的识记以无意识记为主，一般缺少明确的目的，因此，其感兴趣的、外部特征突出的、带有情绪色彩的事物、动作，以及相关动作顺序等最容易被记住。2 岁以后，随着认知能力的增强及语言能力的迅速发展，幼儿的语词记忆开始增多，他们能够逐渐记住一些简单的儿歌、故事，可以根据成人的指令完成简单的任务。

（四）记忆提取的情境独立性增强

新生儿期的记忆提取主要是条件反射式的再认，只有条件刺激出现才能诱发其记忆再现。这是一种对情境高度依赖的记忆提取。这种依赖会一直持续到出生后6个月左右。随着年龄的增长，婴幼儿记忆提取对情境的依赖性逐渐减弱。7个月后，婴儿开始具备短暂记忆。2~3岁时，幼儿开始出现自传体记忆，其记忆提取的情境独立性进一步增强。

五、婴幼儿思维发展的特点和规律

在心理发展研究中，人们一般把对客观事物反应的间接性、概括性和解决问题的能力作为思维产生的指标。新生儿只有一些先天的本能反应，尚不具备思维。那么，婴幼儿是从什么时候开始产生思维的呢？

（一）表意性动作出现——认知出现间接性（11~12个月）

表意性动作是指有一定目的、表达某种意愿的行为。11~12个月的婴儿会用手指向想要的东西或想要去的地方。这种表意性的动作并不直接指向目的，而是一种向成人求助的信号，以间接的方式达到目的。手的动作在这时成了一种具有象征性的、类似语言的符号，因此，有人将手的这种表意性动作称为“手势语”。手势语表明婴儿的认知超越了被动感知的水平，有了初步的间接性。

（二）工具性动作出现——认知出现概括性（1岁左右）

工具性动作是指按照物体的结构特征和功用使用物体的行为。1岁左右的幼儿拿到物体后不再只是盲目地敲敲打打，而开始按照物体的结构特征或功用来操作物体。工具性动作的出现说明幼儿开始理解各种物品的功能。对不同种类物品操作方式的差异说明幼儿出现了初步的“类”的意识，而这是其产生认知概括性的表现。

（三）试误出现——产生初步解决问题的能力（1~2岁）

试误指的是通过不断尝试错误、减少错误尝试而最终形成正确反应的过程。1~2岁的幼儿在遇到新问题时，会通过试误来寻找解决问题的方法。

婴幼儿从11个月左右起就开始显现出思维的特征，因此，我们可以认为思维的产生时间在11个月到2岁之间。皮亚杰认为，婴幼儿的思维与言语真正发生的时间相同，即2岁左右。2岁之前，是思维发生的准备时期。

任务二　掌握婴幼儿认知发展观察与记录的方法和步骤

任务描述

对 0~3 岁婴幼儿的认知发展进行观察、记录与评价有助于托育工作者了解婴幼儿认知发展的优势与弱势领域，进而提供有针对性的指导。本任务需要小组合作学习，掌握婴幼儿认知发展观察与记录的方法和步骤，并能在之后的实践中运用这些知识。

任务前导

1 岁半的点点正在玩建构游戏。他看到一个盒子上面有洞，就把积木从洞里塞进去。他尝试调整积木的角度，把积木一个一个地塞进去。每塞进几个积木，点点就把盒子拿起来摇一摇、听一听，然后又把盒盖打开。积木散落在他周围，他就高兴地叫起来。

分析：案例中幼儿的认知发展情况应如何观察与分析？

知识点拨

一、婴幼儿认知发展观察与记录的内涵

婴幼儿认知发展观察与记录是指采用各种定性、定量的评价方法，对婴幼儿的认知发展做出价值判断并寻求促进其认知发展的途径的一种活动。定性的评价是指对婴幼儿的认知发展进行语言描述，而定量的评价主要是用数学语言对婴幼儿认知发展观察结果进行描述。

二、婴幼儿认知发展观察与记录的意义

认知涉及个体的感知觉、注意、记忆、思维等心理过程，不仅是婴幼儿探索世界的主要方式，也是婴幼儿学习能力形成和发展的基础。认知发展对婴幼儿的脑结构与功能发展有着重要影响。

对婴幼儿的认知发展进行观察与记录可以帮助研究者了解婴幼儿早期发展的规律，帮助托育工作者了解婴幼儿发展的优势与弱势领域，进而提供有针对性的指导与支持，同时可以帮助托育工作者鉴别婴幼儿发育迟滞的情况，适时采取干预措施以促进婴幼儿的健康发展。

三、婴幼儿认知发展观察与记录的原则

（一）目的性原则

目的性原则强调观察与记录要有一定的目的。明确清晰的目的将指导观察者的行为。目的绝不能脱离原有的保教观念和保教思想，要摆脱功利主义，绝不能损害婴幼儿的利益。

（二）客观性原则

客观性原则是任何科学研究都必须遵循的一个基本原则。所谓客观性，就是按事物的本来面目去反映现实。观察者在观察与记录过程中应遵循客观性原则，不能只凭自己的主观认识，否则会使评价的结果受到影响，不能真实地反映婴幼儿的发展情况。

由于知识和经验的局限，婴幼儿对事物的理解方式往往跟成人不同，因此，成人不能以自己的标准或意愿去解释婴幼儿的行为，不自觉地把婴幼儿当成“小大人。”

（三）教育性原则

教育性原则也是婴幼儿认知发展观察与记录必须遵循的一个重要原则。对婴幼儿认知发展的观察与记录首先要考虑对婴幼儿教育的有利因素。不管运用怎样的方法，都要考虑其对婴幼儿心理、生理发展有哪些有益成分，还需考虑活动材料是否能引起婴幼儿活动的兴趣，活动时间、活动形式是否适应婴幼儿的认知发展，创设的环境是否能让婴幼儿适应，是否有妨碍婴幼儿身心发展的措施和方法，等等。

观察与记录的教育性以赏识为核心，要求对婴幼儿经常给予由衷的赞赏和肯定。在观察婴幼儿活动时，观察者要耐心观察婴幼儿，可对他们恰当的行为投以赞赏的目光，用欣赏的口吻夸奖他们，激励他们更积极地投入活动。婴幼儿认知是一种心理状态。观察者在观察与记录的过程中绝不能干扰或指挥婴幼儿的活动，更不能丢弃教育的本质。

（四）全面性原则

观察与记录还要遵循全面性原则。我们可以从观察对象的全面性和观察内容的全面性两个方面来确定观察与记录的可靠性和准确性。

观察者要对不同年龄段婴幼儿、同一年龄段的全体婴幼儿进行观察，绝不能以个别案例替代全体情况，形成片面的观察判断。只有坚持观察对象的全面性，才能保证观察与记录工作的科学性。

观察内容的全面性由婴幼儿的年龄特点、发展规律等决定。因此，观察者在拟定观察内容时，要注重纵向内容的系统性、横向内容的差异性，注重信息采集的科学性、全面性。

四、婴幼儿认知发展观察与记录的方法

（一）实际操作法

实际操作法指提供丰富多样的认知材料，有目的、有计划地对婴幼儿的想象力、表达能力、记忆力、思维力、观察力、操作性等进行观察与记录。由于婴幼儿的年龄特点和认知规律与成人不同，因此，实际观察离不开丰富的环境刺激，也离不开婴幼儿主动积极的活动。只有在积极的活动中，婴幼儿的体验才能内化为认知，观察者才能获取有价值的信息，从而为科学分析婴幼儿认知发展的结构、解读婴幼儿的心理、开展婴幼儿认知活动与教育奠定基础。

（二）自然观察法

自然观察法是指在自然状态下，有目的、有组织、有计划地对婴幼儿在认知活动中的行为表现进行观察与记录，客观地反映婴幼儿活动水平，从中获取婴幼儿认知发展信息的方法。通过自然观察，观察者得到的信息不仅真实，而且非常丰富。自然观察法常用的观察记录表如表 5-2、表 5-3 所示。

表 5-2　婴幼儿认知活动情况观察记录表

观察日期		婴幼儿姓名		性别		托育工作者		观察者	

<table>
<tr><td colspan="2" rowspan="2">观察线索提示</td><td colspan="3">评价等级</td><td colspan="3" rowspan="2">描述</td></tr>
<tr><td>★</td><td>★★</td><td>★★★</td></tr>
<tr><td rowspan="2">婴幼儿活动
所用材料</td><td>所在区域</td><td></td><td></td><td></td><td></td><td></td><td></td></tr>
<tr><td>活动材料</td><td></td><td></td><td></td><td></td><td></td><td></td></tr>
<tr><td rowspan="4">婴幼儿操作</td><td>兴趣点</td><td></td><td></td><td></td><td></td><td></td><td></td></tr>
<tr><td>使用情况</td><td></td><td></td><td></td><td></td><td></td><td></td></tr>
<tr><td>持续状况</td><td></td><td></td><td></td><td></td><td></td><td></td></tr>
<tr><td>言语表现</td><td></td><td></td><td></td><td></td><td></td><td></td></tr>
<tr><td rowspan="3">婴幼儿交往</td><td>与保教工作者的关系</td><td></td><td></td><td></td><td></td><td></td><td></td></tr>
<tr><td>与同伴的关系</td><td></td><td></td><td></td><td></td><td></td><td></td></tr>
<tr><td>能否发起活动</td><td></td><td></td><td></td><td></td><td></td><td></td></tr>
<tr><td colspan="2">当日活动总体状况评析</td><td></td><td></td><td></td><td></td><td></td><td></td></tr>
</table>

表 5-3　婴幼儿认知活动问题观察记录表

<table>
<tr><td>观察类别</td><td></td><td colspan="2">内容</td><td></td></tr>
<tr><td colspan="2" rowspan="5">（张贴照片）</td><td>观察日期</td><td colspan="2"></td></tr>
<tr><td>观察班级</td><td colspan="2"></td></tr>
<tr><td>观察区域</td><td colspan="2"></td></tr>
<tr><td>观察者</td><td colspan="2"></td></tr>
<tr><td>观察对象</td><td colspan="2"></td></tr>
<tr><td>婴幼儿活动
遇到的问题</td><td colspan="2"></td><td>问题解决实录</td><td></td></tr>
<tr><td>分析</td><td colspan="4"></td></tr>
<tr><td>评价</td><td colspan="4"></td></tr>
</table>

（三）情境观察法

情境观察法就是通过情境感知、角色体验、游戏参与、行为训练等活动，观察婴幼儿的认知活动。

婴幼儿在情境丰富的游戏环境中的行为是他们心理过程的重要表现。观察者从中不仅能了解到婴幼儿认知发展水平，同时也能观察婴幼儿社会认知发展情况。情境丰富的游戏能给婴幼儿带来快乐。面对新事物、新现象、新问题及其关联的场景，婴幼儿会表现出敏感、判断行为，言语行为也很丰富。游戏中婴幼儿的直觉思维会促进创造性、重构性和领域性认知能力的产生，因为情境会激发婴幼儿的悟性，帮助婴幼儿形成形象，同时也有利于婴幼儿认知的发展。

（四）问卷调查法

问卷调查法是研究婴幼儿认知发展的重要方法之一，通过一系列问题，以书面形式收集有关婴幼儿在家庭或其他环境中的行为表现和认知发展情况的信息。科学设计问卷并合理实施问卷调查有助于评估婴幼儿的运动能力、认知能力、语言能力等多方面的发展情况，为婴幼儿认知发展研究提供有价值的数据支持。

婴幼儿对客观世界的认知活动可以理解为信息获得、储存、加工和使用的过程。随着年龄的增长、信息加工能力的增强，婴幼儿开始进行心理活动，并通过生活经验的积累，促进信息加工能力的进一步发展。

由于婴幼儿自身表达能力有限，问卷基本由家长或其他熟悉婴幼儿的成人填写。婴幼儿认知活动调查表（参考）如表 5-4 所示。

表 5-4　婴幼儿认知活动调查表（参考）

内容	说明	标记	描述
知觉	自己觉察到某一事物时会做出解释	≈ − × +	
注意	在日常生活中有意注意时有发生	≈ − × +	
记忆	对认识食物的记忆	≈ − × +	
	对一般认知卡片的记忆（动物、植物、日常用品、学习用品）		
喜欢周围的世界	对周围的事物表示好奇	≈ − × +	
问题解决	用自己的能力解决问题	≈ − × +	

说明：≈表示非常少；−表示少；×表示有一些；+表示很活跃

五、婴幼儿认知发展观察、记录与评价的步骤

（一）明确观察的内容和标准

婴幼儿认知发展观察与记录的内容主要有四部分：感知觉、注意、记忆、思维。

婴幼儿认知发展观察标准分为三级：

一级，在适当年龄能够灵活、熟练、协调地完成各种认知活动。

二级，在适当年龄能够在他人帮助下较熟练、灵活地完成各种认知活动。

三级，在适当年龄只能部分或较差地完成各种认知活动。

（二）确定观察与记录的方法并实施

明确观察内容和标准后，观察者要选择合适的观察与记录方法。方法的选择与实施要契合内容的性质与需要，还要考虑观察对象的特点。

（三）收集反映婴幼儿认知发展情况的资料

收集资料是指对获得的关于婴幼儿认知发展的资料进行汇总、整理。

（四）实施评价

根据观察标准及收集的资料，评价者可对婴幼儿认知发展情况进行具体评价，了解婴幼儿认知发展水平。

（五）反馈评价结果及制订促进婴幼儿认知发展的计划

观察评价的目的不是检查，而是促进婴幼儿认知的发展，因此，评价者要将评价的内容以恰当的方式反馈给有关人员，以便有关人员根据婴幼儿具体情况制订具体计划，促进婴幼儿认知的发展。

任务三 实训操作——观察与记录 0~3 岁婴幼儿注意的发展

任务描述

注意是婴幼儿探索外在事物及内心世界的“窗口”。注意能使婴幼儿有选择地接收外在环境中的信息，及时发觉环境中的变化，并调节自己的行为，还能使婴幼儿为应付外界刺激而准备新的动作，集中精力于新的情况。本任务需要小组结合在任务一和任务二中所学内容，在真实情境中实践技能。

实训内容

子任务一：观察与记录 0~1 岁婴儿注意的发展

观察内容

在天天 1 个半月的时候，爸爸拿着红色的气球在她面前平缓移动时，她能追视。请扫描右侧二维码观看视频，观察天天的注意发展情况。

小组讨论

1. 小组根据讨论情况，填写小组观察提纲表（表 5-5）。

提纲依据：

① 观察婴幼儿的角色（婴幼儿注意发生时都有谁在场）。

② 观察婴幼儿注意的表现（婴幼儿注意表现出怎样的特点，婴幼儿都表现出哪些行为）。

③ 观察婴幼儿注意开始和持续的时间（婴幼儿注意什么时候发生，婴幼儿注意持续了多久）。

④ 观察婴幼儿注意发生的地点（婴幼儿注意在哪里发生，这个地方有何特点）。

⑤ 观察婴幼儿注意的过程（婴幼儿注意因何事而发生，事情的各个方面有何关联）。

⑥ 观察婴幼儿注意的起因（促使婴幼儿发生有意注意或无意注意的因素是什么）。

表 5-5 观察提纲表

组名	
小组成员	
观察提纲记录	

2. 小组根据实际观察情况，填写观察情况记录表（表 5-6）。

表 5-6　观察情况记录表

组名			
小组成员			
观察对象			
性别		年龄	
观察时间		观察地点	
观察目标			
观察记录			

3. 实战演练。

（1）尝试用访谈法对天天的爸爸进行访谈，进一步了解天天的注意力发展情况。请列出访谈提纲（至少 2 个问题，例如：天天能追寻声音的来源吗？天天还能追视什么东西？）并填入表 5-7 中。

表 5-7　访谈提纲表

序号	访谈问题

（2）为了有目的地观察天天的注意发展情况，请为天天制定三个注意观察指标，设计一张注意发展清单（表 5-8）。

表 5-8 注意发展清单

观察内容	具体指标	观察方法	通过标准	是否通过	日期
注意	能追寻声音的来源				
	能追视				

（3）请运用日记描述法将观察内容形成记录（表 5-9）。

表 5-9 注意发展记录表

婴幼儿姓名：	年龄：	时间：	观察者：
环境：			
目的：			
目标：			
观察记录：			

（4）小组讨论，提出促进天天注意发展的合理建议（至少两条），并填入表 5-10 中。

表 5-10 促进注意发展建议表

序号	建议

子任务二：观察与记录 1~2 岁幼儿注意的发展

观察内容

2 岁多的果果正在画画，只见她在纸上画了两笔，就被其他东西吸引，离开了座位。她看了看放在一旁的贴纸，又去摸了摸小黑板上的磁吸纸。教师提醒几次后，她才回到座位，继续画画。

请扫描右侧二维码观看视频，观察果果的注意发展情况。

小组讨论

1. 小组根据讨论情况，填写小组观察提纲表（表 5-11）。

提纲依据：

① 观察婴幼儿的角色（婴幼儿注意发生时都有谁在场）。

② 观察婴幼儿注意的表现（婴幼儿注意表现出怎样的特点，婴幼儿都表现出哪些行为）。

③ 观察婴幼儿注意开始和持续的时间（婴幼儿注意什么时候发生，婴幼儿注意持续了多久）。

④ 观察婴幼儿注意发生的地点（婴幼儿注意在哪里发生，这个地方有何特点）。

⑤ 观察婴幼儿注意的过程（婴幼儿注意因何事而发生，事情的各个方面有何关联）。

⑥ 观察婴幼儿注意的起因（促使婴幼儿发生有意注意或无意注意的因素是什么）。

表 5-11　观察提纲表

组名	
小组成员	
观察提纲记录	

2. 小组根据实际观察情况，填写观察情况记录表（表 5-12）。

表 5-12　观察情况记录表

组名			
小组成员			
观察对象			
性别		年龄	
观察时间		观察地点	

续表

观察目标	
观察记录	

子任务三：观察与记录 2~3 岁幼儿注意的发展

观察内容

游戏时间到了，34 个月的优优开心地走到了美工区，她想要和其他小朋友一样，完成给桃树贴桃花的任务。只见她粘了两朵小花，就离开了美工区。她去哪儿呢？

请扫描右侧二维码观看视频，观察优优的注意发展情况。

小组讨论

1. 小组根据讨论情况，填写小组观察提纲表（表 5-13）。

提纲依据：

① 观察婴幼儿的角色（婴幼儿注意发生时都有谁在场）。

② 观察婴幼儿注意的表现（婴幼儿注意表现出怎样的特点，婴幼儿都表现出哪些行为）。

③ 观察婴幼儿注意开始和持续的时间（婴幼儿注意什么时候发生，婴幼儿注意持续了多久）。

④ 观察婴幼儿注意发生的地点（婴幼儿注意在哪里发生，这个地方有何特点）。

⑤ 观察婴幼儿注意的过程（婴幼儿注意因何事而发生，事情的各个方面有何关联）。

⑥ 观察婴幼儿注意的起因（促使婴幼儿发生有意注意或无意注意的因素是什么）。

表 5-13　观察提纲表

组名	
小组成员	
观察提纲记录	

2. 小组根据实际观察情况，填写观察情况记录表（表 5-14）。

表 5-14　观察情况记录表

组名			
小组成员			
观察对象			
性别		年龄	
观察时间		观察地点	

续表

观察目标	
观察记录	

任务四 实训操作——观察与记录 0~3 岁婴幼儿记忆的发展

任务描述

记忆一直是认知心理学研究的重要内容之一，这是因为记忆是婴幼儿积累经验、掌握技能、养成习惯的前提。可以说，记忆的发展是婴幼儿心理发展的重要基础和保证。本任务需要小组结合在任务一和任务二中所学内容，在真实情境中实践技能。

实训内容

子任务一：观察与记录 0~1 岁婴儿记忆的发展

观察内容

欣欣 6 个月大的时候，妈妈经常陪她玩开关灯的游戏。每次开灯（灯亮了），妈妈就会说“开灯”；每次关灯（灯灭了），妈妈就会说“关灯”。看着灯一会儿亮、一会儿灭，欣欣很开心，她很喜欢和妈妈玩这个游戏。有一次，妈妈出差一周，回家后和她说“开灯”“关灯”的时候，她仍然记得这个游戏，“咯咯”地笑了，快乐地舞动着双手，并看着天花板上的灯。

小组讨论

1. 请问欣欣的记忆发展水平如何？

小组根据讨论情况，填写讨论记录表（表 5-15）。

表 5-15 讨论记录表

组名			
小组成员			
讨论主题			
讨论时间		记录人	
讨论过程记录			
结论			

2. 实践演练。

（1）尝试用问卷调查法对欣欣的妈妈进行调查，进一步了解欣欣的记忆发展情况。请设计调查问卷（至少 2 个问题，例如：欣欣能记住哪些熟悉的物品名称？听到熟悉的物品名称是否能主动寻找？），并填入表 5-16 中。

表 5-16　问卷调查表

序号	问题

（2）为了有目的地观察欣欣的记忆情况，请为欣欣制定三个记忆观察指标，设计一张记忆发展清单（表 5-17）。

表 5-17　记忆发展清单

观察内容	具体指标	观察方法	通过标准	是否通过	日期
记忆	延迟模仿	呈现成人张开嘴和伸出舌头的面部表情照片，观察婴儿是否模仿	婴儿进行模仿即可通过		
	记住熟悉的物品名称	说出婴儿熟悉的物品名称，观察婴儿能否去寻找	婴儿寻找熟悉的物品即可通过		

（3）请运用日记描述法将观察内容形成记录（表 5-18）。

表 5-18　观察情况记录表

婴幼儿姓名：	年龄：	时间：	观察者：
环境：			
目的：			

续表

观察目标：
观察记录：

（4）小组讨论，提出促进欣欣记忆发展的合理建议（至少 2 条），并填入表 5-19 中。

表 5-19　促进记忆发展建议表

序号	建议

子任务二：观察与记录 1~2 岁幼儿记忆的发展

观察内容

16 个月的倩倩最近喜欢看同一本绘本。连续 6 天每天早上起床后，倩倩都会让妈妈讲绘本故事。

请扫描右侧二维码观看视频，观察倩倩的记忆发展情况。

小组讨论

1. 请问倩倩的记忆发展水平如何？

小组根据讨论情况，填写讨论记录表（表 5-20）。

表 5-20 讨论记录表

组名			
小组成员			
讨论主题			
讨论时间		记录人	
讨论过程记录			
结论			

2. 实践演练。

（1）尝试用问卷调查法对倩倩的妈妈进行调查，进一步了解倩倩的记忆发展情况。请设计调查问卷（至少 2 个问题，例如：倩倩能记住哪些熟悉的物品名称？听到熟悉的物品名称是否能主动寻找？），并填入表 5-21 中。

表 5-21 问卷调查表

序号	问题

（2）请运用日记描述法将观察内容形成记录（表 5-22）。

表 5-22　观察情况记录表

婴幼儿姓名：	年龄：	时间：	观察者：
环境：			
目的：			
目标：			
观察记录：			

（3）小组讨论，提出促进倩倩记忆发展的合理建议（至少 2 条），并填入表 5-23 中。

表 5-23　促进记忆发展建议表

序号	建议

项目小结

通过本项目的学习，学生能理解婴幼儿认知发展观察与记录的内涵、意义；能掌握婴幼儿认知发展观察与记录的方法和步骤；能根据婴幼儿的认知表现分析婴幼儿的认知发展水平；能根据婴幼儿的认知发展水平设计和组织活动。

小试牛刀

1. 知识实践运用：婴幼儿认知发展活动设计。

要求：根据所学内容，设计一份婴幼儿认知发展活动方案。

活动名称：   活动目标：   活动准备：   活动过程： 一、导入活动   二、组织活动   三、结束活动   四、延伸活动

2. 托育园实践运用：婴幼儿认知发展观察与记录。

要求：前往校企合作单位或实训基地，结合所学理论知识，针对某一婴幼儿、某一活动等，进行婴幼儿认知发展观察、记录与评价。

项目练习

一、填空题

1. 婴幼儿认知发展观察与记录是指采用各种________________、________________的评价方法，对婴幼儿的________________做出价值判断并寻求促进其认知发展的途径的一种活动。

2. 婴幼儿认知发展观察与记录的原则有__________、__________、__________、__________。

3. 婴幼儿认知发展观察与记录的常用方法有__________、__________、__________、__________。

二、选择题

1. 一个月以内的新生儿的视敏度范围为（　　）。

A. 20/200~20/600　　B. 30/300~30/600　　C. 40/400~40/600　　D. 50/500~50/600

2. （　　）个月左右的婴幼儿对颜色的感知能力接近成人水平。

A. 1　　B. 4　　C. 8　　D. 12

3. （　　）个月时婴幼儿学会爬行、站立和扶走。在这个过程中他们对运动速度和方向的感知能力不断增强。

A. 1~4　　B. 5~6　　C. 7~8　　D. 8~12

三、简答题

1. 简述婴幼儿认知发展观察、记录与评价的步骤。

2. 简述婴幼儿记忆发展的特点和规律。

项目六

观察与记录婴幼儿语言的发展

学习目标

1. 理解 0~3 岁婴幼儿语言发展的特点和规律。
2. 掌握 0~3 岁婴幼儿语言发展观察与记录的方法和步骤。
3. 能根据婴幼儿的语言表现分析婴幼儿的语言发展水平。
4. 能根据婴幼儿的语言发展水平提出合理的教育建议。

学习导图

- 项目六　观察与记录婴幼儿语言的发展
  - 任务一　理解婴幼儿语言发展的特点和规律
    - 一、婴幼儿语言的种类
    - 二、婴幼儿语言发展的特点和规律
  - 任务二　掌握婴幼儿语言发展观察与记录的方法和步骤
    - 一、婴幼儿语言发展观察与记录的方法
    - 二、婴幼儿语言发展观察、记录与评价的步骤
    - 三、婴幼儿语言发展观察、记录与评价的原则
  - 任务三　实训操作——观察与记录0~3岁婴幼儿听觉语言的发展
    - 观察与记录0~3岁婴幼儿听觉语言的发展
  - 任务四　实训操作——观察与记录0~3岁婴幼儿视觉语言的发展
    - 观察与记录0~3岁婴幼儿视觉语言的发展
  - 任务五　实训操作——观察与记录0~3岁婴幼儿运动语言的发展
    - 观察与记录0~3岁婴幼儿运动语言的发展
  - 任务六　实训操作——观察与记录0~3岁婴幼儿书面语言的发展
    - 观察与记录0~3岁婴幼儿书面语言的发展
  - 任务七　实训操作——综合实践练习
    - 0~3岁婴幼儿语言发展活动设计

学习准备

1. 建立学习小组

4~6 人组成一个学习小组，并为学习小组起个有意义的组名。小组合作学习不仅可以帮助成员在思维的碰撞中丰富知识、拓展能力，也有助于成员增强合作学习的能力，更好地完成学习任务。

2. 学习小组分工

在小组合作学习中，每个小组成员都应发挥自己的作用，并通过合作共同完成学习任务。请按照学习内容或在小组中承担的任务进行学习小组分工，并填写学习小组分工表（表 6-1）。

表 6-1　学习小组分工表

组名			
组员姓名	具体分工	组员姓名	具体分工

任务一　理解婴幼儿语言发展的特点和规律

任务描述

语言是人们约定俗成的用于信息交换的符号系统。语言是社会文化的载体，是人际交往的工具，也是思维表达的工具。0~3 岁是语言发生和发展的关键时期。然而，部分婴幼儿可能因为各种原因，出现语言发展延迟或语言障碍问题。因此，对 0~3 岁婴幼儿的语言发展进行观察、记录与评价，有助于了解婴幼儿的语言发展水平，从而采取相应的教育策略。

任务前导

妮妮出生已经 20 多天了。这会儿她刚刚睡醒，听到了爸爸和妈妈在旁边说话，就朝着爸爸、妈妈看过去。这时候她转了头，看到房门外站着一个人，原来是奶奶来了。妮妮看到奶奶来了，蹬了蹬脚，手开始朝着房门的方向紧抓。

分析：材料中哪些是听觉语言？哪些是视觉语言？哪些是运动语言？

知识点拨

一、婴幼儿语言的种类

婴幼儿语言发展是一个较复杂的过程，涉及听觉语言、视觉语言、运动语言、书面语言四个方面。

（一）听觉语言

听觉语言是指婴幼儿通过听觉感知和理解语言信息的语言形式。听觉语言是婴幼儿语言的重要组成部分。良好的听觉语言能力能为婴幼儿后续的语言表达奠定基础。随着年龄的增长，特别是在掌握语言、接触音乐环境的过程中，婴幼儿的听觉语言不断发展与成熟。

1. 婴幼儿辨别声音细微差别的能力随着年龄的增长而不断增强

在辨别声音的细微差别方面，年龄较大的幼儿比年龄较小的幼儿强。总体而言，婴幼儿辨别声音细微差别的能力比较弱，因此他们在学习发音时易出错。例如 3 岁左右的幼儿由于不能很好地区别发音上的细微差别，常常出现错音、丢音、换音等语音错误现象。如把“狮子”（shī zi）读成“希几”（xī ji），把“六”（liù）读成“又”（yòu），把“岗亭”（gǎng tíng）读成“钢琴”（gāng qín）。0~3 岁是掌握语音的关键时期。做好婴幼儿的语音教育意义重大，成人切不可忽视。教婴幼儿正确发出汉语基本语音的任务要在这个时期完成。

2. 婴幼儿听觉感受性较强，听觉较成人的更敏锐

婴幼儿基膜纤维的感受力比成人的强，其听觉较成人的更敏锐，其接受声波振动频率的范围更大，因此，成人不能听到的某些尖细的声音或高音哨声，婴幼儿却能听到。若长时间处于嘈杂的环境中，婴幼儿容易烦躁不安。成人可以训练婴幼儿对语言的敏感度，培养婴幼儿的听觉能力。

3. 婴幼儿听觉的个体差异较大，但这种差异随着年龄的增长会减小

我国心理学工作者廖德爱等人的研究表明，新生儿从出生第一天就有听觉反应，其听觉反应强度和形式有较大的个体差异。根据他们的研究，出生后 24 小时以内的新生儿的听觉反应强度从弱到强可分为 5 个等级。当受到强烈的声音刺激时，新生儿的反应依次如下：第一等级为闭着眼，眼或嘴动一下；第二等级是睁开眼睛，皱皱面部（皱鼻、皱眉）；第三等级是头扭动一下或面部带有哭相；第四等级是眼珠转动，头、眼有寻声运动；第五等级是扭头张望。由此看来，婴幼儿听觉的个体差异自出生以来就比较明显，但这种差异随着年龄增长会减小。

听音是婴幼儿语言发展的基础，语言发展从“听”开始。新生儿已经形成感知辨别单一语音的能力。2 个月左右的婴儿能够分辨两音间的差异及节奏，对成人的说话做出反应。3 个月左右的婴儿会以微笑、手舞足蹈等行为回应成人的语音逗引。3 个月以上的婴儿，听辨音开始朝着精细的方向发展。

在婴幼儿的语言教育中，就其语言学习和发展而言，听力是不可缺少的一种能力，它是婴幼儿感知和理解语言的基础。而婴幼儿语音听觉系统的不断发展为其听觉能力的培养提供了生理基础和物质前提。

4. 婴幼儿的语音偏好

婴幼儿能够分辨语音和其他声音。实验证明，在所有的声音中，婴幼儿更喜欢倾听言语，尤其喜欢听母亲的言语。有研究者以新生儿为对象开展实验，分别设立两个人工乳头，一个连接着的设备能播放一小段言语录音或歌声录音，另一个连接着的设备能播放其他乐器或有节奏声音的录音。只要新生儿吸吮，设备便会接通电源，播放声音。结果发现，连接播放言语或歌声设备的人工乳头更容易引起新生儿的吸吮反应。婴幼儿对周遭声音中的言语表现出语音的偏好，而在所有的言语中，婴幼儿对母亲的声音的偏好格外显著。

（二）视觉语言

视觉语言是指婴幼儿通过视觉感知和理解语言信息的语言形式。在婴儿满月以后，成人可以对其开展阅读教育，促进婴儿萌发早期阅读的兴趣。成人可以选择一些适合婴幼儿年龄的读物，如图片、图形、脸谱等。这些读物要求背景简化，色彩对比强烈，主要认知物突出、明朗，图书页面最好较大。成人要边指导婴幼儿观看画面边用语言进行讲解，采取“点读”的方法，即成人用手指点着画面或文字，指到哪儿就读到哪儿，让婴幼儿的注意力集中于阅读的内容。每次阅读的时间在 1～3 分钟不等。阅读内容不必频繁更换，视婴幼儿的兴趣而定。

成人应给婴幼儿提供阅读的空间和时间，培养婴幼儿良好的阅读习惯，如教他们拿书的方法、阅读时的正确姿势、阅读后把书放回原来的地方等。成人要允许婴幼儿独立地看书。有时婴幼儿一会儿把书拿颠倒了，一会儿从后向前翻书，一会儿连翻好几页。成人千万不要去制止他们，这表明婴幼儿正在以自己的方式“研究”和“探索”书。

阅读对婴幼儿的发展十分重要，从某种程度上说，早期阅读情况会影响婴幼儿的一生。一方面，成人应该重视婴幼儿的早期阅读，为婴幼儿开展早期阅读活动；另一方面，成人应该树立正确的观

念。首先，开展婴幼儿早期阅读的目的应该是激发婴幼儿的阅读兴趣及培养其良好的阅读习惯，而不是让婴幼儿学到更多的知识。其次，成人要为婴幼儿创设良好的阅读环境，例如可以在家中为婴幼儿布置一个温馨的图书角。再次，成人要注意婴幼儿的阅读方法。受年龄特点的影响，婴幼儿更适合亲子互动的阅读方法，因此，成人要摒弃拿着书本一页一页读的单一方式，可采用游戏的方法开展早期阅读活动。最后，为婴幼儿选择合适的阅读材料也十分重要。考虑到他们的年龄特点，家长可为他们选择色彩对比强烈、情节互动性强的绘本。

（三）运动语言

运动语言是指婴幼儿通过身体动作和手势等进行语言表达的语言形式。一开始，婴幼儿只能发出一些简单的音。8~9 个月时，逐渐开始模仿成人的语音和动作来学习语言。在发展过程中，婴幼儿语音表达会受到发音器官的生理成熟程度和语音难度的限制，语音表达的发展具有一定的规律性。

1. 从无意义发音到有意义发音

在语音发展过程中，婴幼儿逐渐学会使用语音和语调表达意思。例如，嘴里发出“hu bu”音，身体朝向喝水的地方，以此告诉成人“要喝水”。这时语音表达往往意有所指，表现得有意义。

2. 从元音到辅音

在语音发展过程中，元音的表达早于辅音。较早出现的元音有“ɑ”“e”“i”“u”“o”，而“b”“p”“m”“f”等辅音出现得稍晚。

3. 从单音节到多音节

在语音发展过程中，婴幼儿从单音节的语音表达，如“ɑ”“ei”“yi”“ou”等，逐渐发展到发出双音节或多音节的音，如“mɑ-mɑ”“bɑ-bɑ”。

4. 从不准确到逐渐准确

婴幼儿语音发展较迅速。在良好的语言环境下，发音能逐渐趋于准确。

成人可以通过日常生活中的对话帮助婴幼儿学习语言。婴幼儿在日常生活中与成人有着密切的接触，这为成人对婴幼儿进行语言教育提供了很好的机会。随时随地将周围东西的名称讲给婴幼儿听，是最常见的一种语言教育方式，如吃东西时告诉孩子食品名称——“这是牛奶，它是白色的”“这是皮球，它是圆的”。长此以往，孩子在交流中自然而然地就学会了表达和描述。

一般来说，18 个月左右时，幼儿开始使用简单的词组或动作来表达自己的意愿。之后逐渐学会用复杂的句子和动作来与成人交流。

（四）书面语言

幼儿的书面语言以涂鸦为主。涂鸦可以锻炼幼儿的手眼协调能力。幼儿的涂鸦会经历未分化涂鸦（1.5~2 岁）、控制涂鸦（2~2.5 岁）、圆形涂鸦（2.5~3 岁）和命名涂鸦（3~3.5 岁）4 个发展阶段。

1. 未分化涂鸦

这种行为表现最明显的就是幼儿拿起笔就漫无目的地涂抹起来，凡是能画的地方都会有他们涂抹的痕迹。因为他们手的发育不完善，眼动轨迹杂乱，脑、眼、手还不够协调，所以他们画出的是一些无序的线条，且边画、边说、边玩。这一阶段的涂鸦只是满足他们的动觉需求。

2. 控制涂鸦

经过了一段时间的涂鸦活动，幼儿逐渐发觉自己的动作跟画纸之间有了某种关联，于是会尝试用视觉来控制自己的动作。幼儿在涂鸦中能画出上下左右线段、锯齿线、螺旋线等，而且不画到纸外，让图形较集中。此时，幼儿手腕比以前灵活，但腕关节活动范围仍较小，因此，幼儿还不会画圆。

3. 圆形涂鸦

随着肩、肘、手腕关节发育，幼儿会画圆了，同时能够注视涂鸦时笔的运动方向，画出未封口的、封口的、螺旋的圆。

4. 命名涂鸦

东东拿起一支蜡笔画了一条弯弯曲曲的线，还在边上画了几个圆圈。他指着曲线说："这是蛇。"他又指着圆圈说："这是石头。"进入命名涂鸦阶段的幼儿能朦胧地意识到线条与实物间的联系，他们会对线条加以说明，给线条起名字。这种命名涂鸦并非先想好主题再涂画，而是看到所画的符号像什么便赋予它相应的意义。能够观察画面形象并给它取名是幼儿思维发展的一个重要标志，这表明幼儿的思维已由直觉行动思维发展到了具体形象思维，并具备了一定的视觉记忆。

家长应为幼儿布置一个安全的涂鸦环境，让幼儿在一个相对自由的空间里自由地去涂鸦。如果家里空间足够大的话，家长可以给幼儿提供能大面积涂鸦的墙或画纸，供孩子随心所欲地涂鸦，或者准备一本涂鸦本供孩子尽情地表现，鼓励幼儿在专用的画板上自由创作。同时，要将绘画材料和工具放在孩子能看到、拿到的地方，以便他们想画的时候随时可以拿到。还要引导幼儿养成画完之后将工具放回原处的习惯。

二、婴幼儿语言发展的特点和规律

根据语言系统发展和语言运用能力发展结合的标准，婴幼儿语言的发展通常可以划分为三个阶段。0~12 个月是语言发生的准备阶段，又称为前语言阶段。13~24 个月是语言发生阶段。幼儿在这一阶段开始正式学说话。25~36 个月是基本掌握口语阶段，这一阶段将持续到入学前期（3~6 岁）。

（一）语言发生的准备阶段（0~12 个月）

1. 0~3 个月：单音节阶段

哭叫是婴儿第一个月的主要发音方式。在这个月内，婴儿学会了调节哭叫的音长、音调和音高。研究表明，婴儿在 0~3 个月形成了感知辨别单一语音的能力。出生 12 天的婴儿能通过目光凝视或转移、停止吮吸或继续吮吸、停止蹬腿或继续蹬腿等身体行为，对声音刺激做出不同的反应。这种反应是人类语言感知的第一步，是将语音从其他各种声音中分化出来的一种基本能力。出生 24 天的婴儿能够对男性的声音和女性的声音、抚养者和不熟悉者的声音做出不同的反应。婴儿主要是通过说话者的音高、音量和音色感知语言的。

2. 4~8 个月：多音节阶段

4 个月左右，婴儿进入咿呀学语阶段。在这一阶段，婴儿常对着玩具或镜子中的自己发音，表现出交往的愿望。这个阶段婴儿的发音量大增，发音内容以辅音和元音相结合的音节为主，并且有一个从单音节发声过渡到双音节、多音节发声的过程。这个阶段婴儿的发音较多是对成人社会性的刺激做出的反应。在与成人的交往过程中，婴儿出现了学习交往规则的雏形，能看懂简单的手势，也能听懂简单的词和命令。

3. 9~12 个月：萌芽阶段

这一阶段婴儿发出的不同的连续音节明显增加，不再只是同一音节的重复，近似词的发音增多。

（二）语言发生阶段（13~24 个月）

经历了近一年的语言发生的准备阶段，幼儿开始正式进入口语学习的时期。

1. 13~18 个月：单词句阶段

13~18 个月的幼儿语言的发展主要体现为言语理解的发展，这个阶段也称作理解言语阶段。在这一阶段，幼儿往往用一个单词表示一个句子，我们称之为单词句。比如幼儿说“饼干”，可能指要吃饼干，也可能是表达饼干吃完了或是饼干掉在地上了等。总之，此时语言具有很强的情境性，家长需要联系幼儿说话时附加的手势、表情、体态等，揣测幼儿说话的意思。

虽然幼儿在这一阶段说出的话很少而且比较简短，但是他们理解的要比说出的多得多。另外，这一阶段幼儿会出现发音紧缩的现象，无意义的连续音节大大减少。幼儿往往只用手势和动作示意，独处时也不会有那种自发的发音活动，出现了一个短暂的沉默期。

在此阶段，幼儿所能理解的名词和动词显著增多。他们喜欢给物体命名，对词义的理解存在泛化（把所有带毛的东西都理解成“猫猫”）、窄化（把“车车”理解成他自己的婴儿车，认为其他车辆都不是车）和特化（妈妈过来给他换尿布时说了一声“糟糕”，之后幼儿每次小便时可能都会说“糟糕”）现象。

此外，这个阶段的幼儿会出现一些被成人误以为是错音的发音，比如把“niu”说成“you”，“ge ge”说成“de de”等。但研究证明，这并不是发音错误，而是由于此阶段的幼儿有一个特殊的语法系统，其具有一个与母语相似但又完全不同的音位系统，随着年龄的增长它会慢慢消失。

2. 19~24 个月：双词句阶段

这一时期是语言的积极活动时期。随着幼儿词汇量的扩大，幼儿说话更加主动，出现词语爆炸现象。比如 18 个月的幼儿经常挂在嘴边的单词有 20 个左右，到 21 个月时他们就能说出 100 个左右的单词。他们会指着一个物品问“这是什么啊”，等成人说出物品的名称后，紧接着问“它是用来做什么的呀”“它为什么叫××”等。很多家长苦恼于孩子的这种打破砂锅问到底的现象。其实这是一个可喜现象。喜欢提问，而且不断地提问，这实际上是幼儿学习语言的一个途径。他们还会开始频繁地使用疑问句和否定句，疑问句表现在提问上，否定句表现在语言反抗上。

另外，在此阶段，当婴幼儿的词汇量达到 200 个左右的时候，他们开始由单词句阶段过渡到双词句阶段，开始说“妈妈抱抱”。这种由两个词汇构成的语句不完整，但非常简洁，类似发电报的用语，所以也被称为“电报句”。

（三）基本掌握口语阶段（25~36 个月）

1. 25~30 个月：初步掌握口语阶段

25~30 个月时，幼儿在运用语言和词汇方面有明显进步，能用 3~5 个词组织成句子来与人交谈。幼儿和成人的对话变得更加自由和顺畅，他们也学会了倾听别人讲话，表达自己的要求和愿望。幼儿的语言中开始出现复合句，以前出现的“发音错误”现象逐渐减少乃至消失。语言经常使用接尾策略，即不管在什么情况下，只选用问句末尾的一些词语回答问题，比如刚吃完饭，成人问：“吃饭了没有？”幼儿说：“没有。”再如，妈妈说：“快收拾玩具，跟妈妈一起出去玩，好不好？”幼儿丢掉玩具，一副要准备出去的样子，却回答说“不好”。

2. 31~36 个月：目标口语初步发展阶段

在这一阶段，幼儿的单词句、双词句等特殊语言形式已经大大减少。幼儿基本形成语言系统，掌握了基本语法规则，具备一定量的词汇和一定的语言运用技能，可以初步用词语来解释词语。他们已经开始形成语感，并能运用语言进行一般的日常交流。

任务二 掌握婴幼儿语言发展观察与记录的方法和步骤

任务描述

运用科学的方法与工具来系统地观察、记录和分析婴幼儿在言语上的变化，有助于保教工作者掌握婴幼儿语言发展情况。本任务需要小组合作学习，掌握婴幼儿语言发展观察与记录的方法和步骤，并能在之后的实践中运用这些知识。

知识点拨

一、婴幼儿语言发展观察与记录的方法

（一）观察法

观察法是指观察者在自然情境下对婴幼儿早期的语言发展水平进行有目的、有计划的系统性观察。观察法是托育工作者最常使用的一种方法，在日常生活或者早期教育活动中观察和记录的婴幼儿语言能力表现的信息经常被用于评价婴幼儿语言发展的水平，并且在进一步分析的基础上帮助保教工作者和婴幼儿养育者判断每个婴幼儿个体发展过程中的强项和需要加强的地方。

（二）问卷法

问卷法是指在专业评价人员的指导下，由熟悉婴幼儿个体的主要养育者或托育工作者填写关于婴幼儿语言能力表现的标准化问卷，再通过计分、换算、比较等方法了解婴幼儿现阶段语言发展水平的一种常用的方法。问卷法相对较容易操作。

（三）访谈法

除了上述提及的观察法、问卷法，访谈法也是观察与记录婴幼儿语言发展情况的常用方法，即对熟悉婴幼儿语言表现情况的养育者进行专业化的访谈。访谈的对象主要是婴幼儿的主要照护人，包括爸爸、妈妈、爷爷、奶奶、外公、外婆等，他们每天都有机会与婴幼儿进行大量的直接互动，因此，也能够细致地讲述婴幼儿很多具体且典型的语言能力表现。

二、婴幼儿语言发展观察、记录与评价的步骤

（一）明确观察与记录的内容和标准

婴幼儿语言发展观察与记录的内容主要有四个部分：听觉语言、视觉语言、运动语言、书面语言。婴幼儿语言发展评价标准分为三级：一级，在适当年龄能够灵活、熟练、协调地完成各种语言活动；二级，在适当年龄经帮助能较熟练、灵活地完成各种语言活动；三级，在适当年龄只能部分或较差地完成各种语言活动。

（二）确定观察与记录的方法并实施

明确观察与记录的内容和标准后，观察者要选择合适的观察与记录方法。方法的选择与实施要契合内容的性质与需要，还要考虑评价对象的特点。

（三）收集反映婴幼儿语言发展情况的资料

收集资料是指把获得的关于婴幼儿语言发展的资料进行汇总、整理。

（四）实施评价

根据评价标准及收集和分析的资料，评价者对婴幼儿语言发展情况进行具体评价，了解婴幼儿语言发展水平。

（五）反馈评价结果及制订促进婴幼儿语言发展的计划

评价的目的不是检查，而是促进婴幼儿语言的发展，因此，评价者要将评价结果以恰当的方式反馈给有关人员，以便有关人员根据婴幼儿具体情况制订具体计划，促进婴幼儿语言发展。

三、婴幼儿语言发展观察、记录与评价的原则

（一）进行有目的的系统观察与记录

无论采用何种方法，观察者对婴幼儿语言能力表现的观察与记录都应该是有目的的。观察者需要事先确定好对婴幼儿进行观察与记录的具体方案。该方案应该包括观察的内容、每一次观察的对象、此次观察开展的具体时间和地点等。

（二）从连贯、整体发展的角度关注婴幼儿语言能力的发展

婴幼儿语言能力发展是一个长期、连续的过程。无论是保教工作者，还是婴幼儿养育者，都应该学会从连贯、整体发展的角度去看待婴幼儿语言能力的发展，将观察与记录的内容与早期语言教育活动、早期亲子活动有机结合起来，并以评价的结果为参考，设计出更适合婴幼儿语言发展的教育活动与亲子活动。

（三）在评价过程中充分重视婴幼儿的反应

在评价的过程中，评价者要充分重视被评价婴幼儿的反应，对婴幼儿的语言发展情况做出准确、客观的评价。

（四）对婴幼儿的信息进行严格的保密

评价者在评价 0~3 岁婴幼儿语言发展的过程中，应该对所获得的有关婴幼儿的所有信息进行严格保密，甚至在记录过程中尽可能地使用编号或者虚拟的代号来代替婴幼儿的真实名字（幼儿甲、幼儿 001 等）。

任务三 实训操作——观察与记录 0~3 岁婴幼儿听觉语言的发展

任务描述

听音是婴幼儿语言发展的基础，语言发展从“听”开始。新生儿已经形成感知辨别单一语音的能力。新生儿会因为突然出现的声音而受到惊吓或被惊醒。2 个月左右的婴儿能够分辨两音间的差异及节奏，对成人的说话做出反应。3 个月左右的婴儿会以微笑、手舞足蹈等行为回应成人的语音逗引。3 个月以上的婴儿，听辨音开始朝着精细的方向发展。本任务需要小组结合在任务一和任务二中所学内容，在真实情境中实践技能。

实训内容

观察与记录 0~3 岁婴幼儿听觉语言的发展

观察内容

最近，8 个多月的铭铭不仅能够扶着墙走路，甚至有时能够独立地走两步，因此，她总是喜欢在家里走来走去。这天，爸爸正在厨房间里准备晚饭。铭铭走到厨房门口，不时地望向爸爸，之后便随着爸爸切菜的声音扭了起来。

请扫描右侧二维码观看视频，观察铭铭的表现。

小组讨论

1. 铭铭的听觉语言发展水平如何？

小组根据讨论情况，填写讨论记录表（表 6-2）。

表 6-2 讨论记录表

<table>
<tr><td>组名</td><td colspan="3"></td></tr>
<tr><td>小组成员</td><td colspan="3"></td></tr>
<tr><td>讨论主题</td><td colspan="3"></td></tr>
<tr><td>讨论时间</td><td></td><td>记录人</td><td></td></tr>
</table>

续表

讨论过程记录	
结论	

2. 小组讨论，提出促进铭铭听觉语言发展的合理建议（至少 2 条），并填入表 6-3 中。

表 6-3　促进听觉语言发展建议表

序号	建议

任务四　实训操作——观察与记录 0~3 岁婴幼儿视觉语言的发展

任务描述

婴幼儿会坐以后，成人可以抱着婴幼儿让其坐在自己的膝盖上，和婴幼儿进行“平行式”的阅读，即成人和婴幼儿共同看着画面，让婴幼儿自由接近阅读内容。成人可以给婴幼儿选择画面色彩鲜艳、有少量文字的低幼读物，内容最好是动物、人物、玩具和婴幼儿较熟悉的事物。成人对书中的文字和画面应采取“点读”的方法，以训练婴幼儿的手眼协调能力和有意注意能力。本任务需要小组结合在任务一和任务二中所学内容，在真实情境中实践技能。

实训内容

观察与记录 0~3 岁婴幼儿视觉语言的发展

观察内容

一位父亲的亲子阅读体验：

每天下午下班回来之后，我都会给儿子读绘本故事。现在洛洛的接受能力很强，我想这是培养他良好阅读习惯的机会。洛洛最喜欢的绘本刚开始是《猜猜我有多爱你》，那时他 6~7 个月。他对语音和语调比较敏感，所以会一直盯着我，停下所有的动作仔细听我读故事。等他 8~9 个月的时候，他会和我有交流，尤其是当我读到重音或者俏皮的文字时，他就会“咯咯”地笑。

到了 10~11 个月的时候洛洛就开始黏人了。我读完一本，他就会要求我读下一本。这时，洛洛对绘本的内容也有兴趣了。比如有一本绘本里面有一个海豹拍手的动作，每次我读到这一页，他都会鼓掌拍手，好似在盼着读到这一页。后来听多了，他又会对猩猩捶胸、大象踩脚、鳄鱼扭屁股的动作很感兴趣。所以，多读绘本真的对孩子有很多益处。

小组讨论

1. 洛洛的视觉语言发展水平如何？

小组根据讨论情况，填写讨论记录表（表 6-4）。

表 6-4 讨论记录表

组名			
小组成员			
讨论主题			
讨论时间		记录人	
讨论过程记录			
结论			

2. 请将观察内容改用轶事记录法记录（表 6-5）。

表 6-5 观察情况记录表

婴幼儿姓名：	年龄：	时间：	观察者：
环境			
目标			
记录人			
观察记录			

3. 小组讨论，提出促进洛洛视觉语言发展的合理建议（至少 2 条），并填入表 6-6 中。

表 6-6　促进视觉语言发展建议表

序号	建议

任务五　实训操作——观察与记录 0~3 岁婴幼儿运动语言的发展

任务描述

本任务要求学习者通过实际接触婴幼儿，观察其运动技能和语言能力的发展，记录关键里程碑和行为表现。通过此活动，大家将学习如何识别婴幼儿语言发展的关键时期，并掌握科学的记录方法，为婴幼儿的健康成长提供专业指导和支持。本任务需要小组结合在任务一和任务二中所学内容，在真实情境中实践技能。

实训内容

观察与记录 0~3 岁婴幼儿运动语言的发展

观察内容

托育机构的李老师发来邀请，请同学们设计一个训练幼儿运动语言发展的活动，并到园实践观察幼儿运动语言的发展水平。

小组讨论

1. 2~3 岁幼儿运动语言发展活动设计。

小组根据讨论情况，填写运动语言发展活动设计表（表 6-7）。

表 6-7　运动语言发展活动设计表

活动名称	
活动目标	
活动准备	
活动过程	

2. 小组合作，采用事件取样法记录幼儿运动语言发展情况，并填入表 6-8 中。

表 6-8　幼儿运动语言发展情况记录表

<table>
<tr><td colspan="3">姓名：　　　　　年龄：　　　　　时间：　　　　　观察者：</td></tr>
<tr><td>观察时间</td><td colspan="2"></td></tr>
<tr><td>观察地点</td><td colspan="2"></td></tr>
<tr><td>观察目标</td><td colspan="2"></td></tr>
<tr><td>持续时间</td><td>发生背景</td><td>事件描述</td></tr>
<tr><td></td><td></td><td></td></tr>
<tr><td></td><td></td><td></td></tr>
<tr><td></td><td></td><td></td></tr>
<tr><td></td><td></td><td></td></tr>
<tr><td></td><td></td><td></td></tr>
<tr><td></td><td></td><td></td></tr>
</table>

任务六 实训操作——观察与记录 0~3 岁婴幼儿书面语言的发展

任务描述

涂鸦是幼儿的一种直觉行为，因此，幼儿在涂鸦时，成人应尽量避免过多的干扰。但有些家长会忍不住让幼儿去画一些真实的东西。殊不知幼儿在画这些真实东西的过程中需要通过观察，形成程序化和模块化的思维。这种做法会阻碍幼儿创造性思维的发展。本任务需要小组结合在任务一和任务二中所学内容，在真实情境中实践技能。

实训内容

观察与记录 0~3 岁婴幼儿书面语言的发展

观察内容

东东 2 岁多的时候开始到处画。若大人不给他笔，他就拿硬东西在墙上画。若大人不让他画，他就哭。

小组讨论

1. 东东的书面语言发展水平如何？

小组根据讨论情况，填写讨论记录表（表 6-9）。

表 6-9 讨论记录表

组名			
小组成员			
讨论主题			
讨论时间		记录人	
讨论过程记录			
结论			

2. 小组讨论，提出促进东东书面语言发展的合理建议，并填入表 6-10 中。

表 6-10　促进书面语言发展建议表

序号	建议

3. 请在生活中观察一个幼儿，填写涂鸦活动观察记录表（表 6-11）。

表 6-11　涂鸦活动观察记录

<table>
<tr><td>婴幼儿姓名</td><td colspan="2"></td></tr>
<tr><td>年龄</td><td colspan="2"></td></tr>
<tr><td>时间</td><td colspan="2"></td></tr>
<tr><td>观察者</td><td colspan="2"></td></tr>
<tr><td>目的</td><td colspan="2"></td></tr>
<tr><td colspan="3">观察记录</td></tr>
<tr><td>时间</td><td>客观描述（配图片）</td><td>主观分析</td></tr>
<tr><td></td><td></td><td></td></tr>
<tr><td></td><td></td><td></td></tr>
<tr><td></td><td></td><td></td></tr>
<tr><td></td><td></td><td></td></tr>
<tr><td></td><td></td><td></td></tr>
</table>

任务七 实训操作——综合实践练习

任务描述

设计婴幼儿语言发展活动时，应根据婴幼儿语言发展的规律和特点，从游戏活动、生活教育及环境创设入手。本任务需要小组结合在任务一和任务二中所学内容，在真实情境中实践技能。

实训内容

0~3 岁婴幼儿语言发展活动设计

观察内容

小李的宝宝是个活泼可爱的孩子。小李休完产假之后，就让孩子的奶奶把孩子带回老家照料。奶奶把孩子喂养得很好。小李问孩子的情况时，奶奶会说："好着呢，放心吧。""这个孩子特别乖，不哭不闹，不像人家的孩子那么闹腾。"小李刚开始的时候特别欣慰，觉得孩子真是个懂事的宝宝。她放假回到老家后，和孩子说话时，孩子总是爱搭不理的，多数时候都是用手指指或者用点头、摇头来表达自己的要求。这下小李慌了。

小组讨论

小组讨论，为小李的孩子设计一个语言发展活动，并填入表 6-12 中。

表 6-12　语言发展活动设计表

活动名称	
活动目标	
活动准备	
一、导入活动	

续表

二、组织活动	
三、结束活动	
四、延伸活动	

项目小结

通过本项目的学习，学生能够理解婴幼儿语言发展的特点和规律，能掌握婴幼儿语言发展观察与记录的常用方法和步骤，能根据婴幼儿的语方发展情况设计和组织活动。

小试牛刀

1. 知识实践运用：用文字客观记录婴幼儿行为。

要求：扫描右侧二维码观看视频，客观记录婴幼儿学说话的行为。

2. 托育园实践运用：某托育园 0~3 岁任意年龄段婴幼儿语言发展观察与记录实践。

要求：在托育园实践导师的指导下，开展婴幼儿语言发展观察与记录，并做好总结。

项目练习

一、选择题

1. 下列对婴幼儿语言发展的理解不正确的是（　　）。

A. 2~3 个月的婴儿听见熟悉的声音就会有微笑的表情

B. 婴儿 8 个月时就会叫爸爸、妈妈，开始了正式的语言表达

C. 18 个月左右的幼儿很喜欢说“电报句”

D. 3 岁幼儿的词汇量已经达到 1000 个词左右

2. （　　）是 0~3 岁婴幼儿语言发展的主要特点。

A. 语言表达能力早于语言理解能力

B. 语言理解能力早于语言表达能力

C. 语言表达和理解能力同步发展

D. 语言发展不受环境影响

3. （　　）是 0~3 岁婴幼儿视觉语言观察的主要内容。

A. 婴幼儿对声音的反应

B. 婴幼儿对图画、符号的识别

C. 婴幼儿的手部精细动作

D. 婴幼儿的语音发音准确性

二、填空题

1. 婴幼儿语言发展涉及听觉语言、__________、__________、书面语言四个方面。

2. 微笑是小龄婴幼儿常出现的表情表达语言。听见熟悉的声音就露出微笑的表情，说明婴儿已具备________________________。

3. 婴幼儿语言的发展通常可划分为以下三个阶段：__________、__________、__________。

三、简答题

1. 简述婴幼儿语言发展观察与记录的方法。

2. 简述婴幼儿语言发展观察、记录与评价的原则。

四、论述题

如何通过对0~3岁婴幼儿的听觉语言、视觉语言、运动语言和书面语言发展的观察与记录全面评价其语言发展水平？

项目七

观察与记录婴幼儿情感与社会性的发展

学习目标

1. 理解 0~3 岁婴幼儿情绪情感与社会性行为的概念、发展特点等。
2. 掌握 0~3 岁婴幼儿情感与社会性观察、记录与评价的步骤。
3. 能够客观地观察与记录各年龄段婴幼儿的行为，有严谨的科学观察态度。
4. 能够设计适合各年龄段婴幼儿发展水平的训练活动。
5. 树立科学的儿童观、保育观、评价观。

学习导图

- 项目七　观察与记录婴幼儿情感与社会性的发展
  - 任务一　理解婴幼儿情感与社会性发展的特点
    - 一、情绪情感的定义与特点
    - 二、婴幼儿情绪情感的发展特点
    - 三、婴幼儿的社会性行为
    - 四、婴幼儿社会性行为的发展特点
    - 五、婴幼儿社会交往行为的发展特点
  - 任务二　掌握婴幼儿情感与社会性发展观察与记录的方法和步骤
    - 一、婴幼儿情感与社会性发展观察与记录的原则
    - 二、婴幼儿情感与社会性发展的观察要点
    - 三、婴幼儿情感与社会性发展的观察方法
    - 四、婴幼儿情感与社会性发展观察、记录与评价的步骤
  - 任务三　实训操作——观察与记录0~3岁婴幼儿的自我意识
    - 子任务一：观察与记录幼儿的自我意识表现
    - 子任务二：观察与记录幼儿的性别意识表现
  - 任务四　实训操作——观察与记录0~3岁婴幼儿的情绪情感
    - 子任务一：观察与记录新入托幼儿的焦虑行为
    - 子任务二：观察与记录幼儿的发脾气行为
  - 任务五　实训操作——观察与记录0~3岁婴幼儿的社会交往行为
    - 子任务一：观察与记录1~2岁幼儿的社会交往行为
    - 子任务二：观察与记录幼儿的规则意识表现

学习准备

1. 建立学习小组

4~6 人组成一个学习小组，并为学习小组起个有意义的组名。小组合作学习不仅可以帮助成员在思维的碰撞中丰富知识、拓展能力，也有助于成员增强合作学习的能力，更好地完成学习任务。

2. 学习小组分工

在小组合作学习中，每个小组成员都应发挥自己的作用，并通过合作共同完成学习任务。请按照学习内容或在小组中承担的任务进行学习小组分工，并填写学习小组分工表（表 7-1）。

表 7-1 学习小组分工表

组名			
组员姓名	具体分工	组员姓名	具体分工

任务一 理解婴幼儿情感与社会性发展的特点

任务描述

婴幼儿的情绪情感与社会性发展相辅相成、相互影响。0~3 岁是婴幼儿情绪、情感与社会性发展的关键时期。情绪情感是个体对内部和外部刺激的主观体验。对于婴幼儿来说，社会性发展主要涉及社会交往（亲子交往、师幼交往、同伴交往）行为和社会性行为的发展。社会性发展有一定的复杂意义，在社会交往活动中有明确指向。

婴幼儿的社会性行为是婴幼儿在内在因素与外在因素共同影响下产生的行为。近年来，专家学者越来越关注婴幼儿的社会性行为。研究婴幼儿的社会性行为，可以更好地了解婴幼儿的社会化进程，以采取相应的方法促进婴幼儿的成长。

本任务需要小组合作学习，掌握婴幼儿情绪情感与社会性发展的概念和特点，并能在之后的实训操作中运用这些知识。

任务前导

凡凡是一个 3 岁左右的男孩，经常发脾气。

搭积木的时候，凡凡刚搭好一个 4 层的“高楼”，同桌丽丽的腿不小心碰了一下桌子，桌子晃得很厉害，凡凡的积木就倒塌了。“丽丽！丽丽！”凡凡冲丽丽大吼，随即用双手把丽丽的积木都推到地上，然后用右脚猛踢丽丽的小椅子。

午餐洗手的时候，凡凡旁边的芳芳把水龙头开得比较大，有些水溅到了凡凡的脸上和身上。凡凡跺着脚大叫：“臭，臭！”同时开大了自己的水龙头，用手捧水泼了芳芳一身。

分析：材料中凡凡产生愤怒情绪的原因是什么？

知识点拨

一、情绪情感的定义与特点

情绪、情感是人对于客观事物是否符合自己的需要而产生的态度体验，二者既有区别，又有联系。

（一）情绪与情感的定义

情绪的定义看似简单实则复杂。情绪是对一系列主观认知经验的统称，是人对客观事物的态度体验及相应的行为反应。情绪是以个体愿望和需要为中介的一种心理活动。情绪在某种程度上影响着人的行为方式，也表达着人的态度。情绪分为基本情绪和复杂情绪。大多数人都拥有快乐、惊讶、害怕、悲伤、愤怒和厌恶六种基本情绪。情绪由生理成分、行动成分、体验成分和认知成分四个部分组成。

情感是态度这一整体中的一部分，是态度在生理上一种较为复杂且稳定的生理评价和体验。情感主要包括道德感、理智感、美感等。

一般而言，情绪和情感都是个体对客观事物所持的态度体验，只是情绪更倾向于个体基本需求上的态度体验，而情感更倾向于社会需求上的态度体验。情绪与情感是相互联系的，并很难分开理解。婴幼儿的情绪情感是他们人际交往的有力手段，能有效推动婴幼儿的认知活动。良好的情绪情感对婴幼儿的心理活动和行为有促进作用，是积极行为的动机；不良的情绪情感则会对婴幼儿的发展产生消极的影响。

（二）情绪情感的特点

1. 生理性

不同的情绪情感会带来不同的生理反应，例如：个体感到紧张或害怕时，他的心率、呼吸频率会加快；焦虑或抑郁的情绪会使人的血压升高；个体感到难过、悲伤时会不自觉地流出眼泪或鼻涕等。因此，个体的情绪情感的变化一般在生理上都有体现。情绪情感的发展离不开生理特性。

2. 外显性

情绪情感外显为个体的面部表情、姿态、动作和语气语调。例如：当个体高兴时，他就会眉开眼笑；当个体表示同意时，他就会点头；个体说话声音响亮、语速较快，说明他的情绪情感较为积极。表情的外显较为复杂，表情有先天就有的，如新生儿的微笑；表情也有后天习得的，婴幼儿可能通过模仿行为从照护者那里习得，然而婴幼儿并不清楚表情所代表的实际意义。

3. 情境性

情境性是指个体的情绪情感会随所处情境的变化而变化，特别是情绪。情境是事件发生的关键影响因素。当下的情境发生变化时，婴幼儿的情绪情感也容易随之变化。例如：在托育园的环境创设中，教师需要事先准备好支持性的环境。这种情境决定了婴幼儿在活动时的情绪情感体验。良好的环境创设可以为婴幼儿带来积极的情绪情感体验。

4. 两极性

个体的情绪情感基本拥有两极性，可以分为积极的情绪情感与消极的情绪情感。情绪可以分为正情绪（快乐、喜悦、兴奋、满足等）和负情绪（悲伤、痛苦、害怕、厌恶等）。情感也可以分为积极的情感与消极的情感。积极的情感如强烈的归属感、安全感等，消极的情感表现在缺乏归属感、缺乏安全感等。积极的情绪情感有利于婴幼儿的身心健康发展。

二、婴幼儿情绪情感的发展特点

0~3 岁婴幼儿的社会性发展离不开情绪情感的发展。情绪是婴幼儿在社会性发展中的情感因素，是在婴幼儿的社会交往行为中显现的。情感如婴幼儿年龄小时需要的安全感与归属感，是他们对生理、心理环境寻求的安全空间，也是他们对于个体本身所属群体的认同感受。安全感与归属感伴随人的终身，在早期教育中就应该被重视。随着婴幼儿年龄的增长，他们的情绪情感也越发丰富和高级。

（一）婴幼儿情绪的发展特点

1. 婴幼儿情绪识别的发展特点

婴幼儿出生后，便有情绪方面的表现。随着年龄的增长，婴幼儿开始慢慢能察觉到他人的情绪并试图理解，这是一种重要的社会性技能。他们会试图识别和理解亲近人的表情、语言和动作，并且会根据照料者的言行，做出相应的行为或调整自己的行为。

学者克林勒特和坎波斯指出，婴儿识别表情的水平分为四个阶段：

第一阶段：面无知觉（0~2 个月）。婴儿在这个阶段还不能识别他人的面部表情，接收不到他人给予的信息。

第二阶段：不具备情绪理解的面部知觉（2~5 个月）。婴儿在 2 个月大时已经能感知他人的面部表情，并做出一定的反应，但此时的婴儿并不能理解成人表情背后的实际意义，他的回应可能并不合适。

第三阶段：对表情意义做出情绪反应（5~7 个月）。婴儿在这个阶段能对不同的正面或负面情绪做出适宜的、较为准确的回应，可以感受并理解成人的细微表情。

第四阶段：在因果关系参照中应用表情信号（7~10 个月）。婴儿在这个阶段可以较为准确地辨别他人的表情，并做出适宜的行为。

2. 婴幼儿情绪表达的发展特点

婴幼儿的情绪包括基本的情绪和复杂的情绪。婴幼儿出生时和早期就出现的情绪是基本的情绪，可能由先天的生物因素决定，也可能受到不同文化环境因素的影响。而复杂的情绪是幼儿在 2 岁左右时出现的，表现为自我意识或自我评价情绪，与幼儿的认知水平息息相关。

婴幼儿的情绪最初表现为愉快与不愉快。决定婴幼儿情绪愉快与否的是婴幼儿的生理需求是否得到满足。婴幼儿在生命早期的基本情绪包括愉悦、惊奇、悲伤、生气、恐惧、痛苦等。成人一般从婴幼儿的表情中就可以了解他当时的情绪状态。

0~3 岁婴幼儿情绪表达的发展特点如表 7-2 所示。

表 7-2　0~3 岁婴幼儿情绪表达的发展特点

月龄/年龄	情绪表达主要特点
3~4 周	开始出现无选择的社会性微笑
5~6 个月	社会性微笑趋于稳定和有组织；6 个月左右开始出现对他人或不可预期的事件的恐惧
10~12 个月	会用哭泣表示同情、拒绝、排斥、恐惧等
1 岁半开始	自我意识情绪（嫉妒、内疚、害羞、自豪等复杂情绪）出现
2 岁开始	开始用一些词语来表达情绪，但并不会使用语言来调节自身的情绪
3 岁左右	会经常谈论自己的情绪，并尝试积极主动地控制情绪，开始利用语言来辅助情绪的自我调节

3. 婴幼儿情绪理解的发展特点

（1）移情能力的发展。

移情是一种既能分享他人的情感，对他人的处境感同身受，又能客观理解、分析他人情感的能力。婴幼儿移情能力的发展大致经历三个阶段：

第一阶段：0~1 岁。婴儿对他人情绪的反应是较为宽泛的，多数从自身的感受和体验出发。如婴儿听到隔壁的婴儿大哭，他也会跟着哭起来，这是由于婴儿想起了亲身感受。婴儿在这一阶段对他人强烈的情绪有反应。

第二阶段：1~2 岁。幼儿的移情开始从自身体验发展到对他人情感产生共鸣。这个阶段的幼儿看到其他同伴受伤或受欺负，也会感到难受和痛苦，有时还会以模仿他人的方式去安慰受伤害的同伴，但因还处于“以自我为中心”阶段，所以仅仅停留在模仿行为上，且维持的时间较短。这时幼儿能根据他人的面部表情判断他人的情绪，并大致理解他人情绪背后的想法。

第三阶段：2~3 岁。幼儿在此时的情绪理解力更强，不仅能从表情来辨别和理解各种情绪，开始寻求情绪背后的产生原因，并能想办法通过一些方式来取悦他人。幼儿在这一阶段逐渐能从他人角度理解情绪产生的原因。

（2）同情心的发展。

婴幼儿从 1 岁左右开始感受到他人尤其是同伴的情绪并产生同情心。产生同情心的基础是婴幼儿已具备移情的能力。从 2 岁左右开始，幼儿能通过他人面部表情辨别他人的情绪是积极还是消极的，并理解他人。

成人应该在早期教育中有意识地引导婴幼儿的移情能力和同情心的发展。

（二）婴幼儿情感发展的特征

婴幼儿的情感需求如同一张动态网络，其中安全感是地基，归属感是支柱。

1. 安全感

安全感是心理发展的底层基础。婴幼儿对环境和照护者的稳定和可预测的信任表现为生理需求被及时满足时停止哭闹，在陌生环境中主动靠近照护者寻求庇护等。

0~6 个月婴幼儿的安全感通过照护者的规律喂养和抚触等逐渐建立。6 个月以后，分离焦虑的出现标志着安全感的深化，表明婴幼儿对照护者的依赖。

安全感是归属感的前提。婴幼儿若缺乏安全感，就难以信任他人并建立归属感。安全感的缺失会导致婴幼儿缺乏或减少探索的行为。安全感强的婴幼儿更愿意短暂离开照护者去探索外部环境，走出“舒适区”。

婴幼儿安全感的建立与其“安全感对象”的特征密切相关。这些“安全感对象”（通常是父母或长期照护者）的行为模式、情感表达和互动方式等直接影响婴幼儿对环境的信任和情绪。其中照护者的稳定性与连续性是核心，照护者（如父母、祖辈等）应尽可能长期固定，避免频繁更换。

2. 归属感

归属感是建立在婴幼儿安全依恋的基础上的。依恋是婴幼儿最早出现的人际关系，母亲或其他主要照护者是婴幼儿早期情感的寄托对象。根据马斯洛的需求层次理论，婴幼儿在生理需求和心理需求都被满足时会对归属感和爱提出需求。不同类型的照护者会让婴幼儿产生不同的归属感。对家庭的归属感是婴幼儿早期形成的重要情感。良好的家庭教育方式能让婴幼儿从小形成对自己家庭的归属感。婴幼儿除了对家庭产生归属感，还会对托育园等机构产生归属感。

婴幼儿的归属感可以通过家庭中的各类活动培养。家长可以通过带婴幼儿“走亲戚”、给幼儿讲家族故事、让幼儿参与制定家庭决策等方式让婴幼儿在家庭中获得参与感。另外，家长或主要照护者还应积极帮助婴幼儿克服各种情形下的焦虑，特别是“分离焦虑”。例如，家长可以用多种方式引导幼儿正确看待园所生活，并积极与教师沟通，实现家园合作、家园共育。教师可以通过专门的教学活动培养婴幼儿对集体的归属感，让婴幼儿适应集体生活。

婴幼儿的“归属感对象”会随着婴幼儿年龄的增加、生活范围的扩大等发生变化，一般遵循由近到远、由小到大、由个体到群体、由熟悉到陌生、由具体到抽象的规律。在早期教育阶段，婴幼儿接触的“归属感对象”是近的、小的、个体的、熟悉的、具体的，比如亲近的照护者、隔壁邻居家的小弟弟、托育园里的小伙伴、社区里的玩伴等。0~3 岁婴幼儿所接触的对象通常是他们熟悉并易于沟通的人。

三、婴幼儿的社会性行为

社会性发展是指婴幼儿从一个自然人逐渐掌握社会生活的基本技能与道德行为规范，成长为一个社会人，逐步步入社会的过程。社会性行为是具有社会性、指向性特征的反应。首先，社会性行为需要有对象和发生场所，基本都与人有关，并在社交活动中发生。其次，社会性行为指向社会交往中的人或事物。任何社会性行为的发生都有原因，这些原因可能是社会交往过程中的人或与之相关的事件。

社会性行为按照动机或目的可分为亲社会行为和反社会行为。亲社会行为即利他行为，是积极的社会行为。反社会行为是消极的社会行为，其中，最具代表性、在幼儿中最突出的是攻击性行为。攻击性行为是一种冲突性行为，该行为或多或少地会对他人产生伤害与不良影响。

（一）亲社会行为

1. 亲社会行为的定义

目前人们普遍将亲社会行为定义为一切符合社会行为规范，且对社会交际或人际关系有积极作用的行为。亲社会行为是个体社会化的体现与重要指标。该行为对婴幼儿的身心全面发展起着重要作用，将为婴幼儿的未来发展奠定基础。

2. 亲社会行为的类型

婴幼儿的亲社会行为主要表现为帮助他人、与人分享物品、与他人合作等。0~3 岁婴幼儿部分亲社会行为类型如表 7-3 所示。

表 7-3　0~3 岁婴幼儿部分亲社会行为的类型

同情心	同情心是一种道德情感。共情行为是同情心的主要表现方式。例如，看到其他小朋友哭，自己也会流泪
安慰行为	安慰行为是指幼儿觉察到他人的消极情绪状态如愤怒、痛苦等时，试图通过语言或行动让他人削弱该情绪，重获积极情绪。例如，幼儿看到其他幼儿受伤难过时，用手轻轻抚摸对方的脸颊
分享行为	分享行为是指幼儿把属于自己的物品、情感、机会等与他人共享，从而使他人也获得相同的东西。例如，幼儿与小伙伴分享喜爱的食物等
助人行为	助人行为是指幼儿关心他人并提供帮助的行为，包括帮助者、受助者和情境三个要素。婴幼儿早期发展的自我意识对今后的助人行为大有帮助。例如，幼儿在午餐后帮助教师收拾桌子与餐具等
合作行为	合作行为是指两个或两个以上的个体通过相互之间的配合和协调活动达成共同目标的行为。这种行为往往既有利于自己又有利于他人。例如，幼儿与同伴合作进行搭建游戏

3. 婴幼儿亲社会行为发展的影响因素

0~3 岁婴幼儿亲社会行为发展的影响因素有认知发展因素、家庭因素、社会文化因素等。亲社会行为可能受到单一因素的影响，也可能受到多种因素的同时影响。

（1）认知发展因素。

婴幼儿亲社会行为与其认知因素密切相关。婴幼儿会根据自己的认知对自己或别人的行为进行分析、判断，推断他人的思想、愿望、情感等。婴幼儿的认知发展水平越高，其越可能表现出亲社会行为。

（2）家庭因素。

婴幼儿的亲社会行为最初是在家庭中产生的。家庭环境对婴幼儿亲社会行为的发展有特殊意义。家庭的物质生活条件、结构、成员关系，家长自身的素质，家长的教育方式等都会对婴幼儿的亲社会行为产生潜移默化的影响。父母的榜样教育和对亲社会行为的强化对婴幼儿亲社会行为的发展有较好的促进作用。

（3）社会文化因素。

不同国家的文化程度、工业化程度会影响婴幼儿的亲社会行为。良好的社会文化环境有利于婴幼儿丰富认知经验，体会和谐、友好的社会交往模式。大众传媒也对社会文化背景有重要影响。

（二）攻击性行为

1. 攻击性行为的定义

攻击性行为是婴幼儿时期一种常见的消极社会行为，又被称为侵犯性行为。该行为不仅对被攻击者产生一定的伤害，还对攻击者本身的身心健康造成不利影响，因此，成人需要及时制止，并矫正婴幼儿的攻击性行为。

2. 婴幼儿攻击性行为的类型

婴幼儿的攻击性行为可以分为工具性攻击和敌意性攻击。工具性攻击通常是个体为了获得某物体、权力或空间而做出的喊叫、抢夺、推搡、殴打等动作。敌意性攻击的目的主要是伤害他人，给他人造成痛苦。

3. 婴幼儿攻击性行为的影响因素

（1）生物学因素。

基因、气质类型、生理激素等都是影响婴幼儿攻击性行为的因素。如胆汁质类型的幼儿在与他人相处的过程中就较容易产生攻击性行为。

（2）个体发展因素。

① 认知发展因素。婴幼儿的认知对攻击性行为起着调节作用。婴幼儿对他人行为的判断影响着他们的行为。随着认知的发展，产生攻击性行为的频率会有所变化。

② 语言发展因素。早期的婴幼儿语言能力较弱，导致其用动作代替语言，从而易出现攻击性行为。当幼儿的语义表达有所增加，能通过语言和他人进行有效沟通时，攻击性行为就会减少。

③ 身体动作发展因素。0~3 岁是婴幼儿动作发展的敏感期。随着行走能力得到锻炼，婴幼儿的活动范围扩大，各个肢体动作也更加灵活和丰富，其部分行为易被理解为攻击性行为。但需注意的是，有时简单的肢体动作不是表达攻击本意，而是婴幼儿在探索世界的表现。

④ 情绪发展因素。随着年龄的增长，婴幼儿的情绪情感越来越丰富，开始出现分化。有学者通过实验证实，婴幼儿会通过攻击性行为来宣泄内心不满的情绪情感。

（3）家庭环境因素。

婴幼儿早期是通过模仿进行学习、探索世界的，模仿的对象是熟悉、亲近的人。主要照料者应严格约束自己的行为，注意言行举止，不要出现攻击性行为，否则会为婴幼儿树立不良榜样。同时，家庭教育方式也对婴幼儿的攻击性行为有着重要影响。放纵型、溺爱型的家庭教育方式容易引起婴幼儿的攻击性行为。家庭的情感氛围同样重要。在充满消极情绪的家庭中，婴幼儿容易被消极情绪影响，从而可能增加攻击性行为。

（4）社会文化因素。

社会文化因素包括文化氛围和大众传媒。个体所处的文化氛围在一定程度上会影响攻击性行为，不良的文化氛围可能会促使婴幼儿的攻击性行为增加。另外，随着信息时代的到来，大众传媒越来越发达，婴幼儿易对电子产品“上瘾”。暴力游戏、暴力信息等影响会诱发幼儿的攻击性行为。

四、婴幼儿社会性行为的发展特点

（一）婴幼儿亲社会行为的发展特点

1. 婴幼儿亲社会行为发展的总体特点

（1）婴幼儿亲社会行为的表现。

婴幼儿的亲社会行为表现在情绪表达、依恋行为和游戏活动中，比如：用手指点自己亲近的人；与喜欢的人分享物品；1 岁半左右表现出对熟悉照料者的依恋之情；还有一些助人行为，如会在自己的能力范围之内帮助他人。

亲社会行为随着婴幼儿年龄的增长会发生变化。如皮亚杰的研究证实，婴幼儿的同理心会随着年龄增长而增加，当看到别人经历痛苦时，幼儿会想要安慰对方，出现轻拍、抚摸等行为或说同情的话语，帮助别人想办法解决、鼓励别人等。

班杜拉的社会学习理论认为婴幼儿的亲社会行为是外显的、直接的、可观察的社会行为，婴幼儿通过观察、模仿他人的社会行为而习得亲社会行为。

（2）婴幼儿对他人情绪的敏感性及其外显反应特点。

国外有研究发现，3 个月左右的婴儿就能区分友善与不友善的行为，并做出不同的反应；6~7 个月的婴儿能分辨微笑和生气的脸庞；2 岁的幼儿已经能感受到他人的悲伤情绪，并试图安慰，或帮助他人。

2. 婴幼儿亲社会行为发展的具体特点

（1）帮助。

婴幼儿很早就表现出乐于助人的特点。幼儿在十几个月大时就可以帮助家长做一些简单的家务。幼儿通常认为这些家务有趣味，或只是模仿成人的行为，还有幼儿想通过这些行为获得成人的认可。这些活动能锻炼幼儿的动手能力，并有益于他们与成人互动交往。随着年龄的增长和认知的发展，幼儿的帮助行为会增加。

（2）合作。

合作是指两个或两个以上的个体为达到共同的目标而协同活动。随着年龄的增长，幼儿逐渐出现合作行为。他们在生活中合作、在游戏中合作。他们多是为了完成某一共同的任务而合作。随着合作能力的增强，合作的人数也不再仅限于 2 个人。合作行为有利于亲社会行为的发生与发展。

（3）分享。

分享是指婴幼儿拿出自己拥有的物品与他人共享，从而使他人受益的行为。婴幼儿在 1 岁左右时就会表现出指向动作的分享行为。比如他们会把喜欢的或正在玩的物品放到一个人的手上或腿上，这种互动行为是早期的分享行为。分享行为代表了婴幼儿单方面的积极性，表示他们愿意与他人产生联系并互动。随着年龄的增长，在不同阶段分享的表现形式、频率都不同。

（4）同理心。

同理心是高级的心理行为，代表了一种情绪情感。当一个人观察到另一个人处于某种情绪状态时，他也产生了相同和相似的感受，这就是同理心，即所谓“感同身受”。同理心也被称为“移情”。出生不久的婴儿可能具有同理心，他会随着隔壁床婴儿的哭声一同发出哭声，虽然他可能还不能理解其他婴儿的想法。随着年龄的增长，婴幼儿会表现出对同伴的关心、对成人的关心。他们能或多或少地感受到他人的情绪情感，并试图理解他人。但是有研究表明，婴幼儿的移情行为时间较为短暂，他们会表现出对他人痛苦的关心，但是坚持的时间不长，过一会儿他们就会去干其他的事了。这种行为对于后期的分享行为有促进作用，是亲社会行为发展的基础。

（二）婴幼儿攻击性行为的发展特点

1. 婴幼儿攻击性行为发展的总体特点

婴幼儿的攻击性行为很早就已出现。年龄较小的幼儿可能因为争抢玩具、空间等而产生攻击性行为。随着年龄的增长，游戏规则、行为规范等都会引起幼儿的攻击性行为。婴幼儿的攻击性行为以工具性攻击为主。

2. 婴幼儿攻击性行为发展的具体特点

（1）有意性。

攻击性行为是有目的的，旨在对他人造成心理或身体上的伤害。因此，攻击性行为是个体主动发出的伤害行为，是有意为之的行为。

（2）外显性和直接性。

攻击性行为一般是外显和直接的，大多数攻击性行为是可以被看见和听见的，可见于言语、身体动作或其他形式。

（3）情绪性。

攻击性行为一般伴随攻击者的情绪产生，是攻击者情绪的宣泄方式，产生的原因有时可能仅仅是攻击者想要发泄自身情绪，有时是攻击者对被攻击者不满。

（4）多样性。

攻击性行为可以表现为多种形式，如抢夺物品、殴打他人、咬人、销毁或破坏他人的物品、与他人恶性竞争、给他人起负面的外号或昵称等。攻击性行为有主动型的攻击，也有被动型的攻击；有为了争夺物品的攻击，也有敌意性的攻击。

（5）个体差异性。

攻击性行为可能因为攻击者的个体差异表现出不同的形态。攻击者的气质类型、攻击者的性格特征、引起攻击者冲动的关键问题、攻击者的年龄特征、攻击者的性别、攻击者所处的家庭或社区环境等情况在一定程度上决定了攻击性行为的类型、攻击性行为的程度等。

五、婴幼儿社会交往行为的发展特点

案例

观察目的：了解婴幼儿亲子互动行为特点

观察对象：敏敏（9个月）

观察时间：2024年5月8日晚

观察地点：敏敏家

观察内容：敏敏的爸爸拿出一本绘本，然后读给敏敏听。敏敏很感兴趣，露出兴奋的表情，并用小手在书上指指点点。爸爸把敏敏放在腿上，和敏敏一起打开绘本。敏敏逐渐安静下来。爸爸开始一页一页地读绘本。爸爸模仿森林中小动物的声音，当模仿的声音比较夸张时，敏敏会兴奋地抬头看着爸爸，并发出“咯咯”的笑声。爸爸希望敏敏找到图片中的小老鼠，就说：“敏敏，小老鼠在哪里呀？”这时敏敏用小手指去指图画中的小老鼠。

通过以上案例，你认为敏敏在亲子互动中有哪些行为特点？爸爸在亲子共读时表现如何？你有什么指导建议呢？

0~3 岁是婴幼儿社会交往发生与发展的关键时期。婴幼儿社会交往行为根据婴幼儿互动的对象及开展的活动，可划分为亲子交往行为、师幼交往行为和同伴交往行为。成人可以留意婴幼儿在园和在家的行为表现，做出有针对性的观察与分析。

（一）婴幼儿亲子交往行为特点

良好的亲子关系对婴幼儿的身心健康发展至关重要。我国 0~3 岁婴幼儿多由家人照护。在孩童时期，婴幼儿依恋家长，从他们身上获取安全感与归属感。依恋是婴幼儿与主要照护者之间的社会性连接，是婴幼儿情感社会化的主要标志。0~3 岁婴幼儿亲子交往行为有该年龄段独有的特征。

1. 以自我为中心

0~3 岁的婴幼儿不能很好地理解他人的想法与立场，往往从自己的立场出发来理解周遭事物。1 岁左右时开始产生自我意识，2~3 岁时能够正确使用第一人称代词“我”或“宝宝”，或者自己的小名来称呼自己，开始以自我为中心索取物品，或以自我为中心说话。例如，幼儿在与家长游戏时，总喜欢说“我想要……”“我不要！”或“宝宝喜欢……”。他们不会考虑实际的情况与场景或难以理解父母的想法与建议，希望父母永远优先满足他们的要求，以他们为中心。

2. 以肢体语言为主

婴幼儿语言表达能力较弱，缺乏足够的词汇和组织语句的能力。他们表达想法多通过肢体动作和神态。例如，几个月大的婴儿想看窗边的小鸟，不会用语言表达，就用手指指向窗户，示意成人带他去看或想让大人也看。

肢体语言在婴幼儿早期人际交往中有着重要的作用与积极的意义，帮助婴幼儿与他人进行互动，让他人理解婴幼儿的内心想法。然而，肢体语言也有不足之处，无法让成人清楚明白婴幼儿的准确想法，成人需要通过猜测来得出答案。比如婴幼儿在家中想喝水，用手指着桌上的杯子，可当桌面上有许多物品时，成人就不能准确了解婴幼儿的需求与想法。再如，有的婴幼儿肢体语言较为丰富，这可能会影响他语言的发展，因为肢体语言已经能满足他日常的对话需求。

虽然肢体语言存在一些不足之处，但肢体语言仍然是 3 岁以下婴幼儿与他人沟通的主要方式。

3. 受先天因素影响

早期的亲子交往受先天因素的影响。研究者发现婴幼儿对母亲的味道、声音、脸庞的感知能力较强，这种偏好是婴幼儿人际交往活动的基础。

人脸在新生儿出生时就能吸引其注意。新生儿在出生几个小时内会识别母亲的脸庞。

新生儿出生后就有一定的听觉能力，比如他们受到其他婴儿哭声感染会哭泣。同样，婴儿对母亲的声音也有特别的感受，听到母亲的声音他们会做出特别的反应，比如婴儿听到母亲的声音会加快喝奶的速度。

婴儿的味觉很敏感，对母亲的乳汁有依赖，会优先选择母亲的乳汁而不是奶粉制品。母亲给孩子喂奶的过程也是亲密的亲子互动过程。越小月龄的孩子对母亲的乳汁越依恋。

新生儿出生后就有触觉反射，如抓握反射、吮吸反射等 。触觉反射对新生儿的发展有重要的作用。婴儿从小就接受家长或专业照护者的抚触。他们喜欢父母和他人对他们关爱的抚触。婴幼儿对不同的温度、材料等都有触觉感受能力。触觉是婴幼儿感受世界、认识世界的渠道，对婴幼儿动作、心理等发展有不同程度的影响。

新生儿从出生就有嗅觉。有研究表明新生儿在出生 12 个小时后就已经能对不同的味道做出反应了。婴儿闻到香甜的食物时，会产生放松、愉悦的表情；相反地，闻到臭味或不好闻的味道时会闭上眼睛或扭头。还有研究表明，母乳喂养的婴儿对母亲的气味会有偏好。因此，气味对增进亲子关系也有一定的作用。

4. 受依恋因素影响

婴幼儿的情感在亲子关系中主要表现为依恋。依恋是婴幼儿寻求他人（母亲或其他主要照护者）的支持，并保持与他人的联系的一种方式，也是婴幼儿的情感倾向。依恋是婴幼儿与母亲或其他主要照护者互动形成的。依恋关系也是早期亲子关系的基础，对婴幼儿未来的身心发展有促进作用。

5. 受环境因素影响

婴幼儿亲子交往行为还受到环境的影响。家庭结构与家庭教养方式主要影响亲子交往活动。

父母的教养方式是父母在抚养子女时的行为倾向。家庭教养方式主要有权威型、专制型、宠溺型和忽视型四种。其中，权威型教养方式是四种教养方式中最有利于婴幼儿发展的教养方式，其他三种教养方式都有较明显的缺点，会对孩子造成不同程度的不良影响。不同的家庭教养方式会让婴幼儿养成不同的性格与行为习惯。专制型教养方式下成长的幼儿易退缩、不自信、易焦虑；宠溺型教养方式下成长的幼儿会比较骄纵，各方面表现不突出；忽视型教养方式下成长的幼儿会没有规矩和礼貌，自我约束能力较差，社交能力较弱。

家庭结构对亲子关系也有一定的影响。例如：多子女家庭中的婴幼儿对父母的依恋相比独生子女家庭中的婴幼儿对父母的依恋要弱；祖辈家庭中的婴幼儿是由爷爷、奶奶或外公、外婆进行日常生活照护的，见父母的次数较少，会与父母较为生疏。家庭结构不同，婴幼儿的生长环境不同，婴幼儿的行为表现、与父母的相处方式也会不同。

（二）婴幼儿师幼交往行为特点

师幼交往多存在于婴幼儿与教师接触的一日生活之中。由于个体存在差异，每个婴幼儿与教师的互动各有不同，每个婴幼儿与教师的情感联系也不同。有的婴幼儿喜欢与老师互动、表达自己的想法，有的婴幼儿却对教师有惧怕之情，害怕与教师互动。良好的师幼交往具有以下几种特点。

1. 平等性

在婴幼儿与教师的互动中，双方应处于平等地位。教师应有正确的儿童观，把婴幼儿当作独立的个体，以平等的方式来对待婴幼儿。在与幼儿交流时应尊重幼儿的想法、倾听幼儿的想法。同时，教师应蹲下身与幼儿交流，不让幼儿产生心理上的压迫感，让幼儿在与教师的互动中感到安全与自信。

2. 情感性

婴幼儿有强烈的情感需求。在家时家长提供了感情的支持，在托育机构，教师应担此重任。在一日生活中，教师要呵护、关爱婴幼儿，让婴幼儿把托育机构当作第二个家，给他们提供帮助，给予他们关爱。同时，教师还应多鼓励、肯定婴幼儿的所作所为，使他们对周遭事物产生兴趣，并产生积极性和自信心。

3. 多样性

婴幼儿存在个体差异，与教师交往的方式必然具有多样性。

教师要关注婴幼儿的个体差异，用不同的方式来帮助、指导婴幼儿。教师可以根据婴幼儿的年龄、性别、兴趣、家庭等情况，设计与婴幼儿的互动形式，让婴幼儿在适宜且多元的环境中得到发展与进步。

4. 指导性

在师幼交往中，教师需要对婴幼儿进行指导。教师应根据婴幼儿的兴趣和个性化特征提供适当的指导与支持。教师可以亲身示范正确的做法，也可以提供语言或动作的建议引导，提醒婴幼儿或在婴幼儿有错误行为时矫正和调整婴幼儿的行为。教师应从全方位、多角度耐心地给予婴幼儿适宜的指导。

（三）婴幼儿同伴交往行为特点

案例

观察目的：了解幼儿同伴交往情况

观察对象：乐乐（14 个月）

观察时间：2024 年 5 月 1 日

观察地点：乐乐家小区

观察方法：轶事记录法

观察内容：爸爸、妈妈带着乐乐到小区儿童活动乐园晒太阳，碰到了月龄相似的琪琪。乐乐被妈妈抱在怀里，琪琪也被妈妈抱着。乐乐的妈妈逗琪琪，琪琪开始“咯咯”地笑，乐乐扭过头也盯着琪琪看。琪琪一发出笑声，乐乐也跟着笑。琪琪想要挣脱妈妈去另一方向，乐乐也学着她想要挣脱妈妈的怀抱。

请分析此观察案例，说一说幼儿在同伴交往中有哪些行为特点。作为老师，你可以给家长提出什么指导建议？

婴幼儿同伴交往行为的特点可以从个体认知发展视角和社会技能发展视角两方面来关注。

1. 个体认知发展视角下同伴交往的特点

婴幼儿早期同伴交往的发展主要分为三个阶段，每个阶段的同伴交往都有其特点。

第一阶段，以客体为中心。婴儿之间交往围绕某个事物，而不是他们本身。6~8 个月的婴儿交往基本无交流，只有短暂的微笑或触碰，他们很快就被别的新鲜事物吸引。1 岁内的婴儿交往多是单方面发生的，并且很少能感染其他婴儿。这种单方面的交往是婴幼儿社会交往的最早形态。

第二阶段，简单交往。幼儿已经能对同伴的交往行为做出反应，即同伴之间会相互影响、互动。同伴之间有肢体上的相互触碰、对笑、互看、说话、围绕玩具互动、相互模仿等简单交往行为。

第三阶段，幼儿互补性交往。随着幼儿之间的同伴交往时间的增加，交往内容也丰富了，开始出现互惠互补和合作行为。在这一阶段幼儿的社会性能力增强。幼儿之间也出现了更为复杂的社会交往游戏。随着年龄的增长，幼儿对同伴的需求越来越高，对母亲或其他亲密照护者的需求有所下降。

2. 社会技能发展视角下同伴交往的特点

部分学者从社会技能发展视角对婴幼儿同伴交往进行了观察和研究，将之分为四个阶段，而每个阶段的同伴交往都有其特点。

第一阶段，简单交往。婴幼儿的社会交往行为已经产生，多为单方面的，没有回应，这也为后来的复杂社会交往奠定了基础。

第二阶段，社会性相互影响。一个幼儿的行为对另一个幼儿产生了影响，社会性的相互影响随之发生。引起同伴反应的行为比单方面发生的行为更有挑战性。随着幼儿年龄的增长，同伴交往时间也逐步增加。

第三阶段，同伴游戏。幼儿在游戏中开始出现主动加入、轮流替换、重复和灵活的特点，出现模仿和互补等行为。

第四阶段，产生早期友谊。在这个阶段，幼儿出现亲近、共享、积极交流情感和共同游戏等行为。幼儿也开始出现喜好、偏好，倾向于和喜欢的小伙伴一起玩耍。

任务二 掌握婴幼儿情感与社会性发展观察与记录的方法和步骤

任务描述

本任务需要小组合作学习，掌握婴幼儿情感与社会性发展观察与记录的原则、要点、方法和步骤，并能在之后的实践中运用这些知识。

任务前导

暑假的时候，妈妈和思思一起去健身活动中心游泳。一到一楼的面包店，思思就直接走了进去，跟妈妈说：“我要吃蛋糕。”妈妈说：“等游完泳再吃吧。”听妈妈说完，思思就双手交叉抱胸，嘴巴翘起来。妈妈看到思思这样，转身走出了面包店。这个时候思思开始发出哭声，原地蹬脚。看妈妈走远了，就结束哭泣，追赶妈妈去了。

以上案例符合婴幼儿情感与社会性发展观察与记录的什么原则？

知识点拨

一、婴幼儿情感与社会性发展观察与记录的原则

（一）尊重与保护原则

在观察过程中，观察者应尊重婴幼儿的个体差异和权益，避免对其进行不必要的干扰或侵犯其隐私；应确保记录的信息不泄露给无关人员，保护婴幼儿的隐私安全。

（二）客观性原则

在观察时，观察者应尽可能客观地记录婴幼儿的行为和情绪情感表现，避免主观臆断或受主观偏见的影响；应从多个角度观察婴幼儿的行为，确保观察的全面性和准确性。

（三）科学性原则

观察者应采用科学的方法和工具进行观察，如使用观察表、问卷等方式收集数据。

（四）发展性原则

观察者应认识到婴幼儿情感与社会性发展是一个连续的过程，观察时应关注其发展的连续性和阶段性；应尊重婴幼儿的个体差异，理解不同婴幼儿在情感与社会性发展上的不同特点。

二、婴幼儿情感与社会性发展的观察要点

婴幼儿社会性发展观察是了解婴幼儿情绪情感、互动能力和自我意识等方面发展的重要窗口。婴幼儿的社会交往行为是其社会性发展的核心引擎与基石。它不仅是社会性能力的外在表现，也是

推动婴幼儿认知、情感、语言等多领域发展的关键动力。下面以婴幼儿社会交往行为为例介绍观察要点。

（一）婴幼儿亲子交往行为的观察要点

1. 观察婴幼儿月龄

0~3 岁的婴幼儿成长变化快。观察者在观察时要注意婴幼儿的月龄，根据月龄来观察其行为特点，并判断婴幼儿是否达到相应发展水平。如在观察 0~3 个月的婴儿亲子交往行为时，主要观察婴儿是否能模仿成人的面部动作或婴儿在与他人互动时的情绪反应；在观察 10~12 个月婴儿亲子交往行为时，主要观察婴儿是否听成人的指令和婴儿发生模仿行为的次数等。

2. 观察投放的材料

亲子互动中常常会运用不同的材料，亲子之间通过材料丰富互动行为。家长会根据游戏活动的需求和活动目标使用相应的材料，这时观察者在观察时应注意材料是否适宜，材料能否满足婴幼儿的需求，是否契合婴幼儿的经验、匹配婴幼儿的能力。观察者在关注材料的可操作性的同时，还需关注材料的安全性、环保性等。

3. 观察亲子互动性

亲子活动中，家长是具体的实施者。观察者需要评价或判断亲子互动是正向的互动，还是负向的互动。家长的教育观念、教养方式、对婴幼儿的熟悉程度、行为特点等都会影响亲子互动效果。

（二）婴幼儿师幼交往行为的观察要点

观察婴幼儿的师幼交往行为需要观察师幼互动关系、师幼互动中婴幼儿的表现及师幼互动的环境。

1. 观察师幼互动关系

观察者应关注师幼互动中教师与婴幼儿所处的位置，互动是否由教师主导、以婴幼儿为主体；观察师幼是否积极互动；观察教师是否有充足的耐心对待婴幼儿；师幼互动的氛围是否积极的、良好的。

2. 观察师幼互动中婴幼儿的表现

观察者需要关注婴幼儿在师幼互动中的行为方式和情绪反应等。如果师幼之间的关系良好，那么婴幼儿就能更好地适应集体生活。积极的情绪情感有助于婴幼儿学习一些社会行为规范，增强自身的社会适应性。

3. 观察师幼互动的环境

观察师幼互动的环境时要关注物质环境和精神环境两个方面。首先，关注物质环境，如周围的设施设备情况，是否存在危险因素等。其次，关注精神环境，如婴幼儿附近是否有他喜欢的人或重视的人，这些人在做什么，幼儿的行为是否与这些人有关等。

（三）婴幼儿同伴交往行为的观察要点

随着年龄的增长，婴幼儿的同伴交往活动逐渐增加。婴幼儿对如何与他人相处方面的认知更多的是通过同伴交往习得的。同伴交往对婴幼儿的健康发展具有无可替代的作用。

1. 观察婴幼儿的月龄

观察者在观察 0~3 岁婴幼儿的同伴交往行为时需要关注月龄。不同月龄的婴幼儿会有不同的表现，如观察 0~6 个月的婴儿时需观察有别的婴儿在场时，婴儿是否向他们表示友好与亲近，以及婴儿对别的婴儿声音的反应。

2. 观察婴幼儿自身特征

婴幼儿自身特征，如个性、行为特征会影响同伴交往活动。观察者可以观察婴幼儿在同伴中的地位，以及婴幼儿是否受欢迎等。

3. 观察婴幼儿之间的熟悉程度

同伴之间的熟悉程度对婴幼儿同伴交往影响很大。婴幼儿早期同伴交往活动大多发生在熟悉的同伴身上。观察者可以观察婴幼儿之间的熟悉程度，包括之前是否认识，交往的频率、积极性、持久性如何等。

4. 观察玩教具的影响

同伴交往中玩具等物品起着重要作用。观察者可以观察玩具对于同伴交往的影响，以及同伴之间对待玩具的方式，他们有无合作、分享、模仿等行为。

三、婴幼儿情感与社会性发展的观察方法

观察婴幼儿情感与社会性发展的方法有多种，如扫描观察法、定点观察法和追踪观察法等。观察者可以根据观察需要，灵活运用不同类型的观察方法来进行有效观察。

（一）扫描观察法

扫描观察法是指在固定的时间段里对婴幼儿依次进行观察。观察者运用扫描观察法可以粗略但快速地对观察对象依次进行扫视，这也是全面性的观察方法。观察者也可以通过这种方法观察婴幼儿的情绪情感状态、成人与婴幼儿之间或婴幼儿与同伴之间的交往状态、活动材料准备的情况、事件发生的环境等。这种方法能较为全面地了解基本信息，但是不够细致。

（二）定点观察法

定点观察法又被称为重点观察法，是指选择某个固定的位置进行一段时间的系统、细致的观察。如可以围绕成人的单方面做法或婴幼儿的回应是否有效展开观察，也可以围绕婴幼儿的个性特点、能力水平、材料的使用情况等展开观察。简单来说，这种观察法是观察者对其认为的局部关键信息展开观察。

（三）追踪观察法

追踪观察法即定人观察法，是指观察者将某个婴幼儿作为观察对象之后，对观察对象进行连续的观察，以了解观察对象的发展情况。例如持续观察婴幼儿的情绪变化，观察者可以用这种方法从头到尾观察，也可以选取某一片段、某一环节连续观察。这种观察方法较为有针对性，观察结果对提出针对性策略有实质性意义。

四、婴幼儿情感与社会性发展观察、记录与评价的步骤

（一）确定观察点

确定观察点是观察的基础。确定观察点即确定观察目标。观察前先确定婴幼儿的关键发展目标及其是否便于观察、观察的基本条件是否具备等。

（二）设计观察量表

观察量表是观察的有力工具。观察者可以根据实际需求决定观察是否需要使用量表。设计量表时，观察者首先要选择量表形式，确定观察维度，再进行修改调整。

（三）借助量表记录观察信息

观察者明确了使用方法、观察对象和观察位置后，就可利用设计好的观察量表，采用相应的方式进行观察与记录。

（四）整理观察信息

根据观察量表，观察者获得了大量的信息。需要整理这些信息，必要时与之前的观察记录进行对比，以便评价婴幼儿的发展情况。

（五）实施评价

观察者根据整理好的信息，对婴幼儿的发展情况进行评价。观察者自身的经验影响着其对观察信息的分析和判断。因此，群体讨论是降低研究主观性干扰的主要方法。观察者可与同事、专家讨论分析观察到的信息、观察与记录的方法是否有偏差，以及观察过程中遇到的困难。

任务三 实训操作——观察与记录 0~3 岁婴幼儿的自我意识

任务描述

随着年龄的增长，婴幼儿从一个具有一定感觉和情绪，尚无自我意识的个体，发展为能够认识自己、把自己作为主体从客体中区别出来的个体。其自我意识的发展与动作和言语的发展密切相关。本任务需要小组结合任务一和任务二所学内容，在真实情境中实践技能。

实训内容

子任务一：观察与记录幼儿的自我意识表现

观察内容

当妈妈在衣帽间里的时候，21 个月大的小柚子总是喜欢跑过去玩。她总是摸摸这个，又摸摸那个，对一切都充满了好奇心。

请扫描右侧二维码观看视频，观察小柚子的自我意识表现情况。

小组讨论

1. 小组根据讨论情况，填写观察提纲表（表 7-4）。

提纲依据：

① 观察婴幼儿的角色（婴幼儿行为发生时都有谁在场）。

② 观察婴幼儿行为的表现（婴幼儿行为表现出怎样的特点，婴幼儿都表现出哪些行为）。

③ 观察婴幼儿行为开始和持续的时间（婴幼儿行为什么时候发生，婴幼儿行为持续了多久）。

④ 观察婴幼儿行为发生的地点（婴幼儿行为在哪里发生，这个地方有何特点）。

⑤ 观察婴幼儿行为事件过程（婴幼儿行为因何事而发生，事情的各个方面有何关联）。

⑥ 观察婴幼儿行为事件起因（婴幼儿为什么发生既定行为）。

表 7-4 观察提纲表

组名	
小组成员	
观察提纲记录	

2. 小组根据实际观察情况，填写观察情况记录表（表 7-5）。

表 7-5　观察情况记录表

组名			
小组成员			
观察对象			
性别		年龄	
观察时间		观察地点	
观察目标			
观察记录			

子任务二：观察与记录幼儿的性别意识表现

观察内容

师：小朋友午睡前要换睡衣、睡裤吗？

幼 1：要换。

师：你们是在哪里换的呢？

幼 1：我是在床上换的。

幼 2：我是坐在床边换的。

幼 3：我每次都是在被子里换的。

师：为什么你要在被子里换呢？

幼 3：我觉得不好意思。

幼 4：每次看他们换睡衣、睡裤，我都觉得好羞羞，所以我都不换。

幼 5：我妈妈说过，男生是不能看女生脱衣服的，女生也不能看男生脱衣服。

师：为什么？

幼 5：因为男生和女生不一样。

师：有哪些不一样呢？

幼 5：男生是短头发，女生是长头发。

幼 6：男生不可以穿裙子，女生可以穿裙子。

…………

请根据文本提供的观察内容，列出可能用到的观察提纲并分析被观察幼儿的性别意识表现情况。

小组讨论

1. 小组根据讨论情况，填写观察提纲表（表 7-6）。

提纲依据：

① 观察婴幼儿的角色（婴幼儿行为发生时都有谁在场）。

② 观察婴幼儿行为的表现（婴幼儿行为表现出怎样的特点，婴幼儿都表现出哪些行为）。

③ 观察婴幼儿行为开始和持续的时间（婴幼儿行为什么时候发生，婴幼儿行为持续了多久）。

④ 观察婴幼儿行为发生的地点（婴幼儿行为在哪里发生，这个地方有何特点）。

⑤ 观察婴幼儿行为事件过程（婴幼儿行为因何事而发生，事情的各个方面有何关联）。

⑥ 观察婴幼儿行为事件起因（婴幼儿为什么发生既定行为）。

表 7-6　观察提纲表

组名	
小组成员	
观察提纲记录	

2. 小组根据实际观察情况，填写观察情况记录表（表 7-7）。

表 7-7　观察情况记录表

组名			
小组成员			
观察对象			
性别		年龄	
观察时间		观察地点	
观察目标			
观察记录			

任务四　实训操作——观察与记录 0~3 岁婴幼儿的情绪情感

任务描述

婴幼儿情绪、情感是以人的需要和主观态度为媒介的心理活动，是人对客观事物的态度的一种反映。情绪是这种反映的比较短暂的状态，情感则是比较稳定和持续的状态。婴幼儿年龄越小，情绪在生活中的地位越高，这是婴幼儿心理的特点。本任务需要小组结合任务一和任务二中所学内容，在真实情境中实践技能。

实训内容

子任务一：观察与记录新入托幼儿的焦虑行为

观察内容

入托第一天，幼儿表现为紧紧抓着妈妈的衣服、抱着妈妈、被强行抱给老师等。请扫描右侧二维码观看视频，观察幼儿入托初期行为表现。

小组讨论

1. 小组根据讨论情况，填写观察提纲表（表 7-8）。

提纲依据：

① 观察婴幼儿的角色（婴幼儿行为发生时都有谁在场）。

② 观察婴幼儿行为的表现（婴幼儿行为表现出怎样的特点，婴幼儿都表现出哪些行为）。

③ 观察婴幼儿行为开始和持续的时间（婴幼儿行为什么时候发生，婴幼儿行为持续了多久）。

④ 观察婴幼儿行为发生的地点（婴幼儿行为在哪里发生，这个地方有何特点）。

⑤ 观察婴幼儿行为事件过程（婴幼儿行为因何事而发生，事情的各个方面有何关联）。

⑥ 观察婴幼儿行为事件起因（婴幼儿为什么发生既定行为）。

表 7-8　观察提纲表

组名	
小组成员	
观察提纲记录	

2. 小组根据实际观察情况，填写观察情况记录表（表 7-9）。

表 7-9　观察情况记录表

组名			
小组成员			
观察对象			
性别		年龄	
观察时间		观察地点	
观察目标			
观察记录			

子任务二：观察与记录幼儿的发脾气行为

观察内容

彤彤今年快3岁了，在家里喜欢在门后面用水彩笔在墙上作画，画自己喜欢的卡通人物等。妈妈多次提醒她，她还是会趁妈妈不注意的时候，在门后面偷偷画。妈妈制止她，她就会不开心，发脾气，甚至朝着妈妈大喊大叫……

请扫描右侧二维码观看视频，观察彤彤的行为。

小组讨论

1. 小组根据讨论情况，填写观察提纲表（表7-10）。

提纲依据：

① 观察婴幼儿的角色（婴幼儿行为发生时都有谁在场）。

② 观察婴幼儿行为的表现（婴幼儿行为表现出怎样的特点，婴幼儿都表现出哪些行为）。

③ 观察婴幼儿行为开始和持续的时间（婴幼儿行为什么时候发生，婴幼儿行为持续了多久）。

④ 观察婴幼儿行为发生的地点（婴幼儿行为在哪里发生，这个地方有何特点）。

⑤ 观察婴幼儿行为事件过程（婴幼儿行为因何事而发生，事情的各个方面有何关联）。

⑥ 观察婴幼儿行为事件起因（婴幼儿为什么发生既定行为）。

表7-10　观察提纲表

组名	
小组成员	
观察提纲记录	

2. 小组根据实际观察情况，填写观察情况记录表（表7-11）。

表7-11　观察情况记录表

<table>
<tr><td>组名</td><td colspan="3"></td></tr>
<tr><td>小组成员</td><td colspan="3"></td></tr>
<tr><td>观察对象</td><td colspan="3"></td></tr>
<tr><td>性别</td><td></td><td>年龄</td><td></td></tr>
</table>

续表

观察时间		观察地点	
观察目标			
观察记录			

任务五　实训操作——观察与记录 0~3 岁婴幼儿的社会交往行为

任务描述

婴幼儿的社会交往行为主要表现在亲子关系和同伴关系的建立上。

对于婴幼儿来说，社会交往行为的发展是一个重要的里程碑。他们的社会交往行为主要涉及自我意识的发展、亲子关系的建立，以及同伴关系的形成。社会交往行为不仅是婴幼儿社会化的基础，也是他们情感发展和认知水平提升的关键。本任务需要小组结合任务一和任务二中所学内容，在真实情境中实践技能。

实训内容

子任务一：观察与记录 1~2 岁幼儿的社会交往行为

观察内容

妈妈带 13 个月大的心心到邻居家做客。邻居的孩子佳佳与心心一般大。佳佳和心心都坐在爬爬垫上。他们在爬爬垫上抓玩具玩，又时不时地看向对方和照护者……

请扫描右侧二维码观看视频，观察案例中幼儿的社会交往行为。

小组讨论

1. 小组根据讨论情况，填写观察提纲表（表 7-12）。

提纲依据：

① 观察婴幼儿的角色（婴幼儿行为发生时都有谁在场）。

② 观察婴幼儿行为的表现（婴幼儿行为表现出怎样的特点，婴幼儿都表现出哪些行为）。

③ 观察婴幼儿行为开始和持续的时间（婴幼儿行为什么时候发生，婴幼儿行为持续了多久）。

④ 观察婴幼儿行为发生的地点（婴幼儿行为在哪里发生，这个地方有何特点）。

⑤ 观察婴幼儿行为事件过程（婴幼儿行为因何事而发生，事情的各个方面有何关联）。

⑥ 观察婴幼儿行为事件起因（婴幼儿为什么发生既定行为）。

表 7-12　观察提纲表

组名	
小组成员	
观察提纲记录	

2. 小组根据实际观察情况，填写观察情况记录表（表 7-13）。

表 7-13　观察情况记录表

<table>
<tr><td>组名</td><td colspan="3"></td></tr>
<tr><td>小组成员</td><td colspan="3"></td></tr>
<tr><td>观察对象</td><td colspan="3"></td></tr>
<tr><td>性别</td><td></td><td>年龄</td><td></td></tr>
<tr><td>观察时间</td><td></td><td>观察地点</td><td></td></tr>
<tr><td>观察目标</td><td colspan="3"></td></tr>
<tr><td>观察记录</td><td colspan="3"></td></tr>
</table>

子任务二：观察与记录幼儿的规则意识表现

观察内容

3 岁的妮妮很乖巧，总是帮助爸爸妈妈做家务。一天，妮妮觉得爸爸把餐具摆放得不整齐，便开始整理厨房台面下的餐具。经过她的调整，餐具整整齐齐、井井有条。

请扫描右侧二维码观看视频，观察妮妮的行为。

小组讨论

1. 小组根据讨论情况，填写观察提纲表（表 7-14）。

提纲依据：

① 观察婴幼儿的角色（婴幼儿行为发生时都有谁在场）。

② 观察婴幼儿行为的表现（婴幼儿行为表现出怎样的特点，婴幼儿都表现出哪些行为）。

③ 观察婴幼儿行为开始和持续的时间（婴幼儿行为什么时候发生，婴幼儿行为持续了多久）。

④ 观察婴幼儿行为发生的地点（婴幼儿行为在哪里发生，这个地方有何特点）。

⑤ 观察婴幼儿行为事件过程（婴幼儿行为因何事而发生，事情的各个方面有何关联）。

⑥ 观察婴幼儿行为事件起因（婴幼儿为什么发生既定行为）。

表 7-14　观察提纲表

组名	
小组成员	
观察提纲记录	

2. 小组根据实际观察情况，填写观察情况记录表（表 7-15）。

表 7-15　观察情况记录表

组名			
小组成员			
观察对象			
性别		年龄	

续表

观察时间		观察地点	
观察目标			
观察记录			

项目小结

通过本项目的学习，学生能理解0~3岁婴幼儿情绪情感、社会性行为、社会交往行为的概念和发展特点等；能理解并掌握0~3岁婴幼儿情感与社会性发展观察、记录与评价的步骤。

小试牛刀

1. 知识实践运用：用文字客观记录幼儿的社会交往行为。

要求：根据图片内容，客观记录幼儿的社会交往行为。

2. 托育园实践运用：婴幼儿社会交往行为观察与记录。

要求：前往校企合作单位或实训基地，结合所学理论知识，观察与记录一名幼儿的社会交往行为，尝试分析，并给出指导建议。

项目练习

一、填空题

1. 幼儿入园焦虑又称为____________，在新入园的幼儿中是一种普遍的现象。

2. 婴幼儿攻击性行为发展的具体特点是____________、____________、____________、____________和____________。

3. 婴幼儿攻击性行为的影响因素有____________、____________、____________、____________。

二、选择题

1. 在陌生的环境试验中，妈妈在婴儿身边时，婴儿一般就能安心地玩玩具，对陌生人的反应也比较积极，婴儿对妈妈的这种依恋类型属于（ ）。

A. 回避型 B. 无依恋型 C. 安全型 D. 反抗型

2. 婴幼儿“认生”现象通常出现在（　　）。

A. 3~6 个月　　B. 6~12 个月　　C. 1~2 岁　　D. 2~3 岁

3. “自我中心”概念是心理学家（　　）提出的。

A. 皮亚杰　　B. 斯金纳　　C. 冯特　　D. 艾伟

三、简答题

1. 简述婴幼儿亲社会行为的影响因素。

2. 简述婴幼儿亲子交往行为特点。

3. 简述婴幼儿情感与社会性发展观察、记录与评价的步骤。

附　录①

一、0~3 岁儿童生长发育监测图

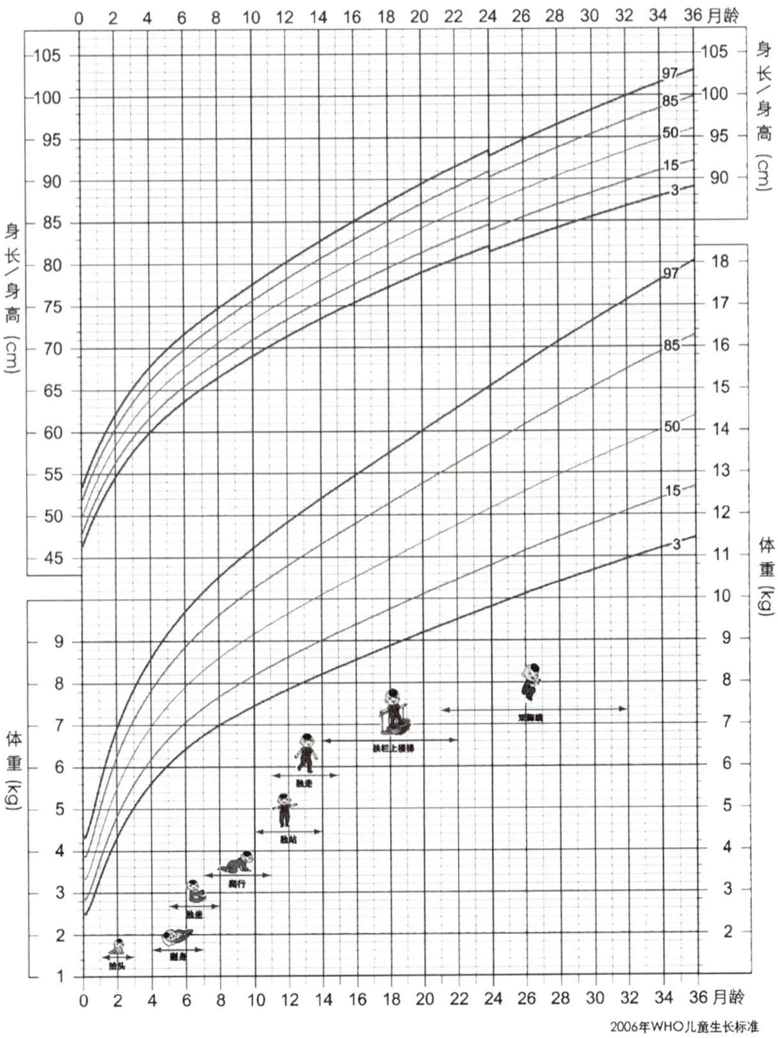

0~3 岁男童身长（身高）/年龄、体重/年龄百分位标准曲线图

---

① 附录内容源自国家卫生健康委办公厅于 2022 年 11 月印发的《3 岁以下婴幼儿健康养育照护指南（试行）》。

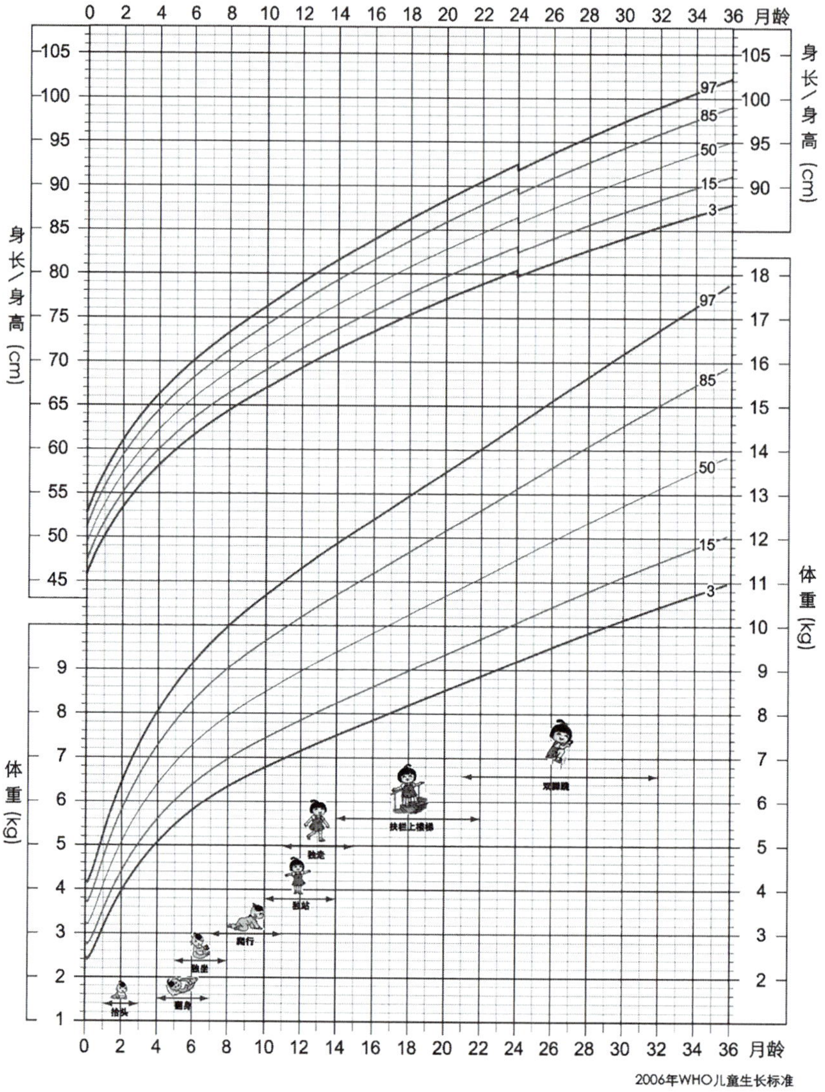

0~3岁女童身长（身高）/年龄、体重/年龄百分位标准曲线图

二、儿童心理行为发育问题预警征象筛查表

儿童心理行为发育问题预警征象筛查表

年龄	预警征象		年龄	预警征象	
3月	1. 对很大声音没有反应	□	30月	1. 不会说2~3个字的短语	□
	2. 逗引时不发音或不会微笑	□		2. 兴趣单一、刻板	□
	3. 不注视人脸，不追视移动人或物品	□		3. 不会示意大小便	□
	4. 俯卧时不会抬头	□		4. 不会跑	□
6月	1. 发音少，不会笑出声	□	36月	1. 不会说自己的名字	□
	2. 不会伸手抓物	□		2. 不会玩“拿棍当马骑”等假想游戏	□
	3. 紧握拳松不开	□		3. 不会模仿画圆	□
	4. 不能扶坐	□		4. 不会双脚跳	□
8月	1. 听到声音无应答	□	4岁	1. 不会说带形容词的句子	□
	2. 不会区分生人和熟人	□		2. 不能按要求等待或轮流	□
	3. 双手间不会传递玩具	□		3. 不会独立穿衣	□
	4. 不会独坐	□		4. 不会单脚站立	□
12月	1. 呼唤名字无反应	□	5岁	1. 不能简单叙说事情经过	□
	2. 不会模仿“再见”或“欢迎”动作	□		2. 不知道自己的性别	□
	3. 不会用拇食指对捏小物品	□		3. 不会用筷子吃饭	□
	4. 不会扶物站立	□		4. 不会单脚跳	□
18月	1. 不会有意识叫“爸爸”或“妈妈”	□	6岁	1. 不会表达自己的感受或想法	□
	2. 不会按要求指人或物	□		2. 不会玩角色扮演的集体游戏	□
	3. 与人无目光交流	□		3. 不会画方形	□
	4. 不会独走	□		4. 不会奔跑	□
24月	1. 不会说3个物品的名称	□			
	2. 不会按吩咐做简单事情	□			
	3. 不会用勺吃饭	□			
	4. 不会扶栏上楼梯/台阶	□			

注：适用于0~6岁儿童。检查有无相应月龄的预警征象，发现相应情况在“□”内画“√”。该年龄段任何一条预警征象阳性，提示有发育偏异的可能。

三、婴幼儿亲子交流与玩耍要点

婴幼儿亲子交流与玩耍要点

0~1 月龄	1~3 月龄	3~6 月龄
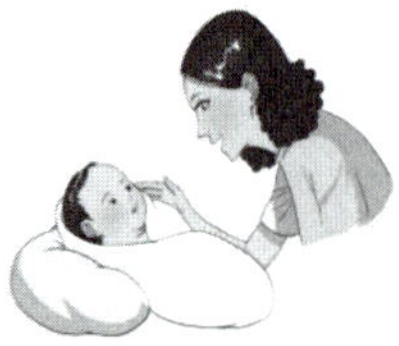		
交流：注视新生儿的眼睛，温柔地与他说话，尤其是哺乳、照护时，让新生儿看养育人的脸，听养育人的声音	交流：在喂奶时或孩子清醒时，对着他笑，模仿他的声音和他说话交流	交流：经常和孩子说话、逗笑，通过模仿他的声音、表情和动作与他交流
	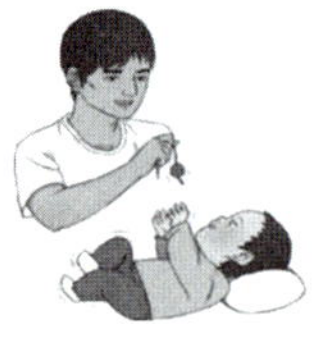	
玩耍：让新生儿看、听，接触养育人，自由地活动四肢；轻轻地抚摸和怀抱他，与他亲密皮肤接触会更好	玩耍：让孩子看、听，接触养育人，自由地活动四肢；在床上、炕上帮助婴儿俯卧、抬头；慢慢移动彩色玩具或物品让他看、触摸，可用红球、绳子串起的圆环做玩具	玩耍：多让孩子俯卧、抬头，帮助他翻身，让孩子伸手去够、抓握玩具，可用不同质地的，如布或塑料瓶做的玩具
6~9 月龄	9~12 月龄	12~18 月龄

交流：对孩子的声音和兴趣给予回应，叫他名字观察反应，用布遮住脸玩“躲猫猫”，和他说看到的人或物品	交流：教孩子认家中物品、人及身体部位，和孩子说话、唱歌，结合场景边说边做手势，如拍手“欢迎”、挥手“再见”。可用具有五官的娃娃做玩具	交流：问孩子简单的问题，回应他说的话。用简单的指令调动他的活动，如“把杯子给我”；鼓励他称呼周围的人，看物品和图片，说出名称

续表

6~9 月龄	9~12 月龄	12~18 月龄

玩耍：让孩子练习坐，在床上、炕上翻滚，给他提供一些干净、安全的家庭物品，让他抓握、传递、敲打，可用杯子、勺子做玩具	玩耍：鼓励孩子爬行、站立和扶走，让他练习用拇指和食指捏小物品。把玩具放在布下面与孩子玩“藏猫猫”	玩耍：鼓励孩子独自行走、蹲下和站起，握笔涂画，用套叠杯、碗、饮料瓶玩堆叠游戏，或把物品放进容器再拿出来

18~24 月龄	24~36 月龄

交流：与孩子多说话，问他问题并耐心等待他的回答，用清晰、正确的发音回应他说的话。带他边看大自然、图画书和物品，边和他交谈	交流：与孩子一起看图画书，讲故事、说儿歌，尝试和他讨论图画书的内容；教他说自己的姓名、性别，教他认识物品的形状、颜色、用途

玩耍：多户外活动，鼓励孩子扶着支撑物上下台阶，玩扔球、踢球，练习翻书、拧开瓶盖。引导他玩给娃娃喂饭等模仿性游戏	玩耍：让孩子练习单脚站立、双脚蹦跳、踢球等，培养他自己洗手、吃饭、扣扣子、穿鞋等生活自理能力；鼓励他与小朋友玩“开火车”“骑竹竿”等游戏

参考文献

1. 王书荃，罗静，思愔．0~3 岁婴幼儿早期教育指南［M］．北京：中国妇女出版社，2020.

2. 张文军，艾桃桃．婴幼儿行为观察与分析［M］．长春：东北师范大学出版社，2021.

3. 施燕，章丽．幼儿行为观察与记录［M］．2 版．上海：华东师范大学出版社，2020.

4. 刘芳，张潺，于星，等．婴幼儿行为观察、记录与评价［M］．北京：中国人民出版社，2023.

5. 任丽，黄鑫，刘婵．婴幼儿基础照护［M］．重庆：西南大学出版社，2022.

6. 蔡春美，洪福财，邱琼慧，等．幼儿行为观察与记录［M］．上海：华东师范大学出版社，2012.

7. 周念丽．0~3 岁儿童心理发展［M］．上海：复旦大学出版社，2017.

8. 张明红．0—3 岁婴幼儿语言发展与教育［M］．上海：华东师范大学出版社，2020.

9. 马利民．教师进行幼儿行为观察与分析的意义、方法［J］．教育观察，2020，9（16）：26-27.

10. 左晨毅，崔新玲．学前儿童行为观察：现状、方法及意义［J］．黑龙江教育（理论与实践），2018（7~8）：120-121.

11. 陈旭微．幼儿家庭进餐行为主体性研究［D］．南京：南京师范大学，2014.

12. 梁雨潇．幼儿园教师观察素养的现状研究：以福建省为例［D］．福州：福建师范大学，2023.